つくる・呑む・まわる

諸国ドブロク宝典

貝原浩・新屋楽山
笹野好太郎

農文協

村の寺・イサーン
Kai

本書は『つくる・呑む・まわる　諸国ドブロク宝典』（1989年刊）と、
『図解文集　世界手づくり酒宝典』（1998年刊）を合本し、復刊したものです。

「どぶろく・手づくり酒」の本・3部作の復刊にあたって

「ドブロクつくりがなぜわるい!」、そんな「主張」を『現代農業』で掲げたのは1975年(3月号)のことだった。高度経済成長と農業の近代化のもと、農家の生産と暮らし、むらが変わりゆくなかで、「これでよいのだろか」という思いを強めた農家が教えてくれたのは、農家がもち続けている「自給の思想」とその知恵、技を大切にし、とりもどすこと。その象徴がどぶろくであった。『現代農業』ではその頃からどぶろの記事を毎号のように掲載。その流れは、各地の農家が登場する「ドブロク宣言」の連載など今日まで続いている。『現代農業』の蓄積を単行本にした『農家が教える どぶろくのつくり方』も毎年、晩秋から冬にかけて注文が増え、版を重ねている。

そんな根強いどぶろく人気の大きな発火点になったのが、1981年発行の『ドブロクをつくろう』である。編者の前田俊彦さんはこの出版と相前後して、国を相手どり、自家醸造を禁止する酒税法は憲法違反と主張して訴訟を起こした。最高裁で斥けられたものの、その主張は世に大きな一石を投じた。前田さんは、「まえがき」で、「すでにながいあいだ酒の自家醸造を禁じられているわれわれ日本人は、そのことがいかに人間の基本的な自由の抑圧であるかを感覚的にわすれており、その自由の回復がかならず日本人の文化の蘇生をみちびくという展望も失っている」と書き、日本人の文化の蘇生のためにこの書を編んだと記している。その趣旨に賛同し、憲法学者の小林孝輔さん、農家であり詩人・作家の真壁仁さんら10人の方々が寄稿。そのメッセージは今でも生き続け、次代に伝え継ぎたいと考えた。

『ドブロクをつくろう』の翌年には、その「実際編」である『趣味の酒つくり』（笹野好太郎 著）を発行した。蜂蜜酒など入門編からワイン・ビール・濁酒・清酒、焼酎まで、それぞれの酒にまつわる文化をまじえてつくり方を指南してくれた本だ。

「どぶろくを民衆の手に」という復活宣言本と、庶民のための初めての本格的な自家醸造酒の実用本。この2冊の反響は大きく、いずれも10万部のベストセラーとなった。そこには経済成長のもと、あらゆるものが商品化され、農家・庶民が自らつくる日常生活文化の豊かさが失われていくことへの無念と、その蘇生を願うたくさんの人々がいた。

この2冊とともに、各地のつくり手たちを描いて話題を呼んだ作品を復刊した。『現代農業』の連載から生まれた『諸国ドブロク宝典』である（その後に出た『世界手づくり酒宝典』と合本）。各地を旅し、ドブロクづくりを楽しむ人びとの暮らしぶり、仕込み方、家族や仲間のことなどを、実際に味わいながら取材し個性的なイラストと短文で描き続けたのは、異色の絵師、貝原浩さんである。貝原さんは「あとがき」でこう記している。

「夢心地のなか、味わって想うことは、どの酒にもつくり手の意気が仕込まれているということです。酒という生き物をつくり出す誇りを飲むことでした」

２０２０年３月
一般社団法人　農山漁村文化協会

つくる・呑む・まわる

諸国ドブロク宝典

貝原浩・新屋楽山・笹野好太郎

農文協

「まえがき」にかえて

「や、署長さん。一杯いかゞ、どうです。ワッハッハ。濁り酒、味噌桶に作るといふのはあんまり旧式だな。もっと最新法の方はいゝな。おい、署長さん。さあ、一杯いかゞ、私の盃をあなた取りませんか。閣下ぁ、ハッハッハ。さあ一杯」「いや、わかった、わかった。いや、今晩は実に銘ていした。辱けない」「ワッハッハ。やあ、今度はシラトリさん、さあ、おやりなさい。男子はすべからく決然たるところがなくてはだめですよ。さあ、高田の馬場で堀部安兵衛金丸が三十人を切ったのは実際酒の力だ、面白い、牛も酒を呑むと酔ふといふのは面白い。さあ一杯。なかなかあなたは酒が強い。さあ一杯」

一人が行ったと思ふと又一人が来るのでした。「署長さん。はじめてお目通りを致します」「いやはじめて」「はじめて、はてなさっきも来ましたかな、二度目だ、ハッハッハ。署長さん、いや献杯、つゝしんで献杯仕ります。ハッハッハこの村の濁り酒はもう手に取るやうにわかってゐる、本当にか、さあ、本当ならいつでもやって来い。来るか、畜生、来て見やがれ。アッハッハ、失礼、署長さん署長さん、もう斯うなったらいっそのこと無礼講にしませう。無礼講。おゝい、みんな無礼講だぞ、そもそもだ、濁密の害悪は国家も保証する、税務署も保証すると、ううぃ。献杯、いや献杯」「もう沢山」「遁げるのか、遁げる気か。ようし、ようし、ようし、その気なら許さんぞ。献杯、さあ献杯だ、おゝい貴様ぁ」

税務署長はもうすっかり酔ってゐました。

宮沢賢治「税務署長の冒険」より

目次

諸国探訪ドブロク宝典……貝原　浩

誰にもできるドブロク・ワイン・ビール

笹野好太郎・新屋楽山

諸国探訪
ドブロク宝典

貝原浩

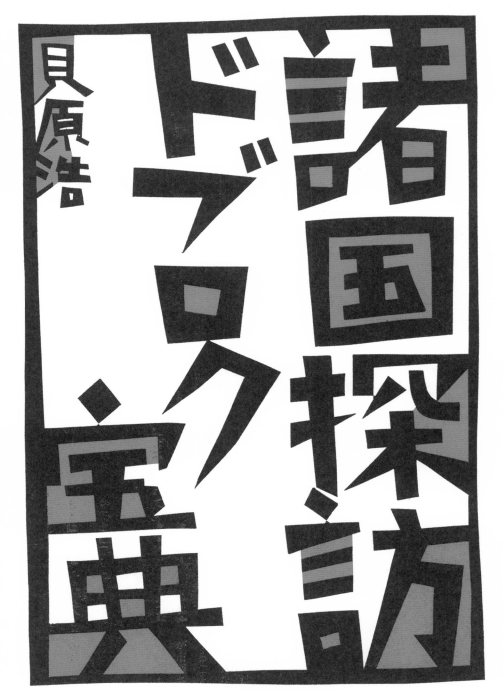

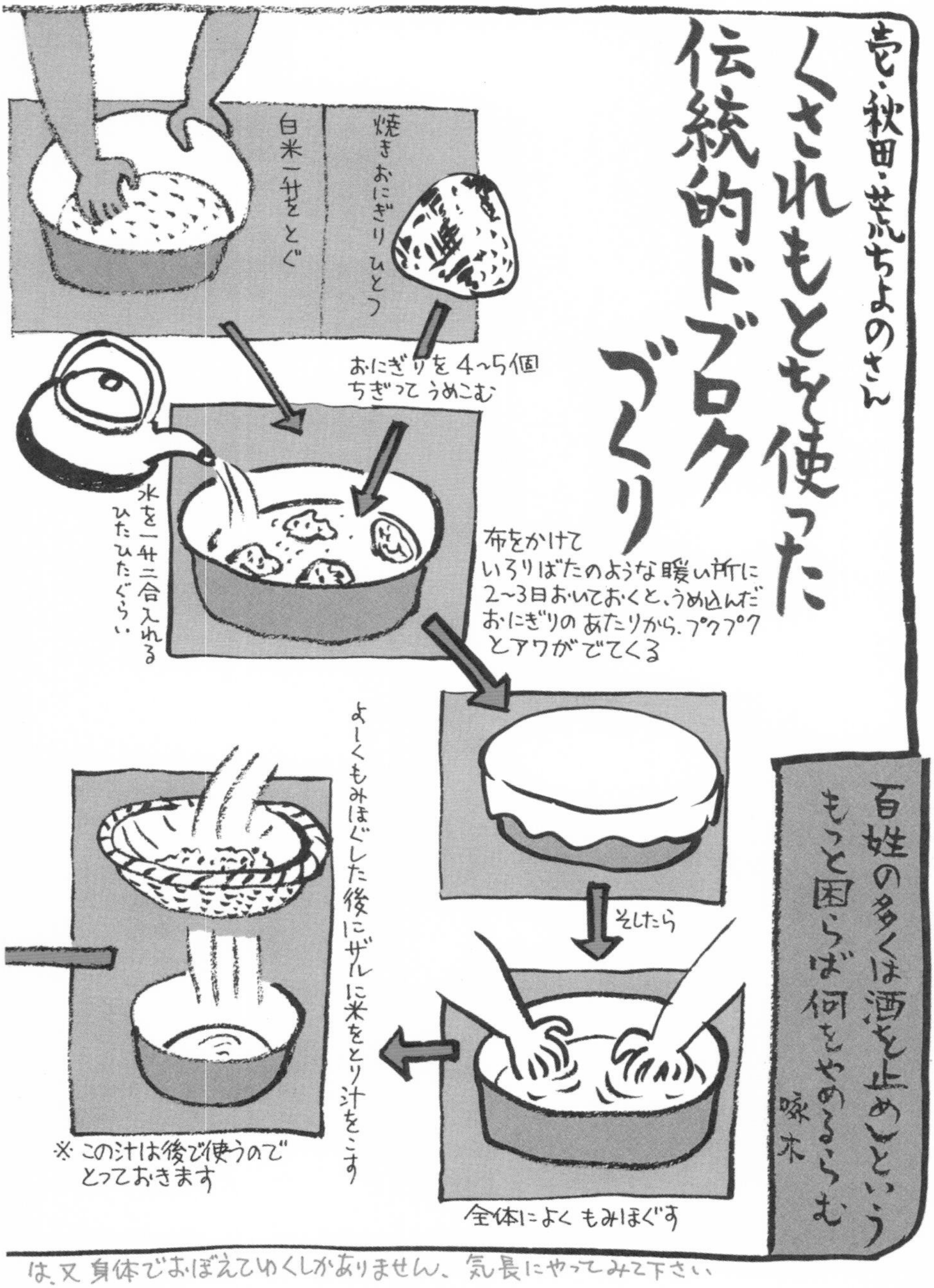
壱・秋田・荒ちよのさん
くされもとを使った
伝統的ドブロクづくり
焼きおにぎり ひとつ
白米一升をとぐ
おにぎりを4~5個
ちぎって うめこむ
水を一升二合入れる
ひたひたぐらい
布をかけて
いろりばたのような暖い所に
2~3日おいておくと、うめ込んだ
おにぎりのあたりから、プクプク
とアワがでてくる
そしたら
全体によく もみほぐす
よーくもみほぐした後にザルに米をとり汁をこす
※この汁は後で使うので
とっておきます
百姓の多くは酒を止めよという
もっと困らば何をやめるらむ
啄木

は、又身体でおぼえてゆくしかありません、気長にやってみて下さい

今ではドブロクづくりにイーストは欠かせないと思っている人が多いだろうが、どっこい、酒づくりにつかれた先人たちは、そんなもの使わないでもリッパなドブロクをつくっていた。ニギリ飯を焼いて、伝統の"くされもと"をつくりそれでアルコール発酵をすすめるのだ
さていよいよ酒をつくってみる
くされもと 7合
こうじ 2升
水 1升
半日ぐらいでにおいます
米3升ふかす
人肌ぐらいにさまして水5升入れる
よーくかきまぜる
濁酒五升 いざ飲まん
寒い時節だと大体10日間位で飲める?!ようになる。その目安はプツプツ出てたアワが消え入るような感じになるとできあがり
米をふかす
ひと肌ぐらいにさました米にこうじ3合入れよくかきまぜる
さきほどとっておいた汁を入れる
くされもとのできあがり
そして暖い所で1週間ほどかけて発酵させる
これで1升4合ぐらいできた
ただ最初から うまくゆくとは限らない、何にしても経験だ、テキスト あるわけでもないし、おばあちゃん達のいうことだって「大体…」「そん位…」というように、長い暮しの中で染み込んでいった知恵

弐・秋田・横山フサさん

ドブロクづくりはこうじに始まる

ドブロクづくりはこうじづくりにはじまる
手をかければかけるほど
いい こうじの花が咲く

昔は
高いお金を払って
こうじをかうなんて
とてもできなかったけれど
わずかの「たねこうじ」から甘酒用
みそ用、漬物用、そしてもちろん
ドブロク用にとこうじをつくったのだ

こうじ5升をつくる

ムロのない家でこうじづくりができるのは、ふつうは春になってから、冬のこうじづくりはなかなかむつかしかった
春から夏は自然の温度でこうじづくりができるチャンスだ

① クズ米のうち 丸粒に近いものを選び5升用意する

② それを白米にして こうじをつくる日は朝のうちから水にひたして 夕方からのこうじづくりの準備をする

③ 夕方ひたしておいた米 5升を蒸す

験なき物を思はずは一坏の
濁れる酒を飲むべくあるらし
大伴旅人

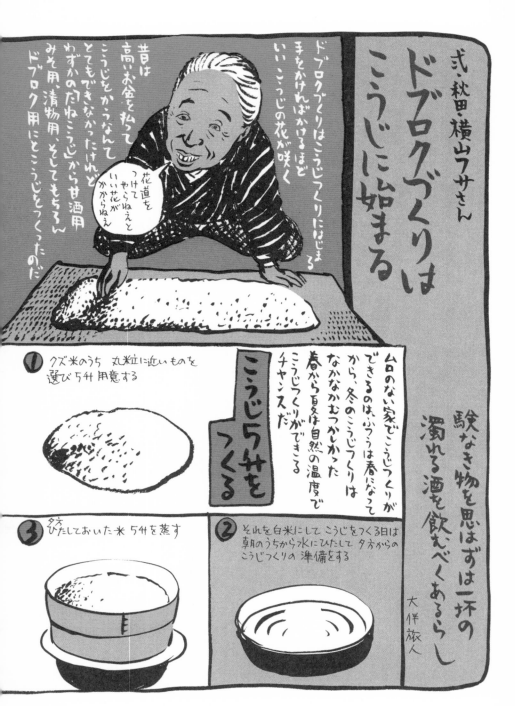

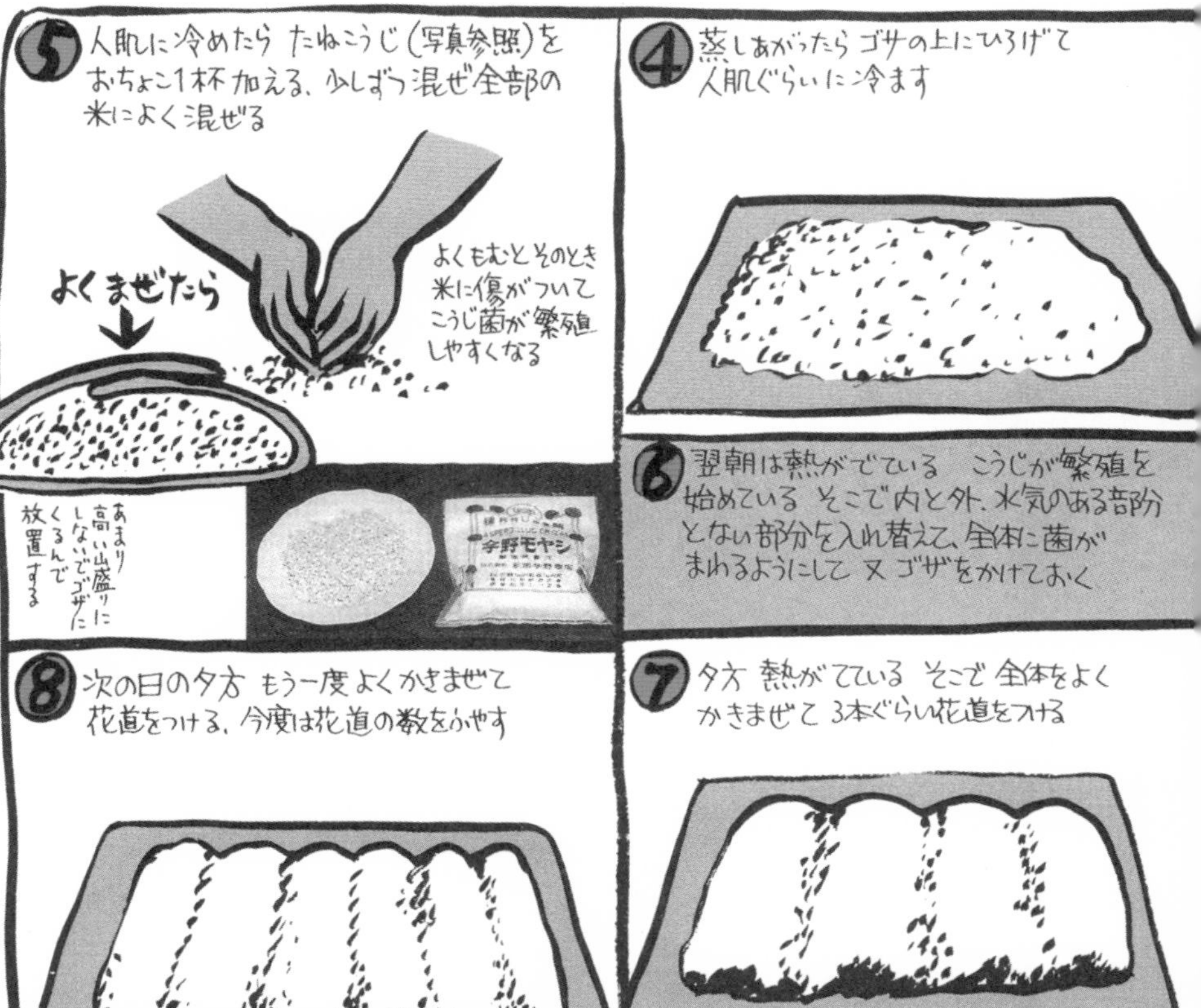

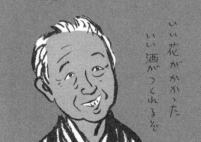

4 蒸しあがったらゴザの上にひろげて
人肌ぐらいに冷ます
5 人肌に冷めたら たねこうじ(写真参照)を
おちょこ1杯加える。少しずつ混ぜ全部の
米によく混ぜる
よくもむとそのとき米に傷がついてこうじ菌が繁殖しやすくなる
よくまぜたら
あまり高い山盛りにしないでゴザにくるんで放置する
6 翌朝は熱がでている こうじが繁殖を
始めている そこで内と外、水気のある部分
とない部分を入れ替えて、全体に菌が
まわるようにして 又ゴザをかけておく
7 夕方 熱がでている そこで全体をよく
かきまぜて 3本ぐらい花道をつける
そのままにしておくと熱があがりすぎて
腐ってしまう。花道をつけて表面積を
ふやして熱の上がりすぎを防いでいるのだ
8 次の日の夕方 もう一度よくかきまぜて
花道をつける。今度は花道の数をふやす
9 次の日の夕方
米をみると表面がプワーッとしたうぶ毛の
生えた感じで、ちょっと緑っぽい米が
できたら成功!
さわるとポロポロッとした塊りになっている
10 乾かしておけば来年の寒づくりまで
だってもつ。今だと冷蔵庫に入れておけば
絶対安全
いい花がかかった
いい酒がつくれるぞ

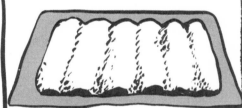

参・岩手・藤川やす子さん
幻のはなもとでつくってみる
つる草の一種で
からはな草と呼ばれる
この花の実を使って
盛んにドブロクが
つくられていたという
昔からこの花は
はなモトとも
さけくさとも
さけばなとも
呼ばれていた
これからつくられる
ドブロクは、まっこと花酒と呼ぶにふさわしい
いまじゃ はなモト なんか使って つくる人はいなくなったよ
からはな草の実
はなモトで 酒2升つくってみる
① 乾燥させておいたからはな草の実を ひとつかみ取り 水1升程入れた 鍋で20分程煮たてる そのまま さましておく.
熱湯で菌が死ぬと思うのだが
これが不思議?! 大丈夫なんですねぇ
にこやかに酒煮ることが
女らしきつとめか
われにさびしき夕ぐれ
若山喜志子（牧水の妻）

からはな草＝正式名もやはり「からはなそう」。淡い黄白色の花がたくさん咲き，よい香りを放つ。

②
米1升かためにふかす
(いい米つかってみるか)
人肌ぐらいにさます
③
④
先につくっておいたからはな草の
煮汁を入れてよくかきまぜる
このときの
水の量は
手首の上にくる位だ
⑤
こうじ1升を加えて
さらによくかきまぜる
手首のところまで
ヒタヒタ
さて
⑥
ふたをして寒い所だと
毛布に包みます
これで大体1週間から10日ぐらいで
飲めるようになります。高温発酵だと
時間は短いが すっぱみが強くなる。
⑦
飲む
重曹をホンの少々加えると酸味がとれ 飲みやすくなる。

四・宮城・杉田喜左衛門さん

自家製のこうじをたっぷりつかう

宮城の山あいの村に住む杉田喜左衛門さんのドブロクづくりは自家製のこうじをたっぷりつかってつくっていた

十年程前、村の寄合いで「この頃の酒はなんだかおかしい、ホンモノの酒が飲みたい」という話をきっかけに、自分にとっておいしい酒をということで酒づくりに挑戦、さまざま試みていまのやり方に落ちついた。そのつくり方は長男の嫁あゆみさんに受け継がれて、杉田家では一年中、ドブロクの切れることがない

村にある、こうじつくり機でミソ用づけもの用と同時に酒用のこうじを大量?!につくって冷蔵庫に保管している

一盞《いっさん》の寒燈《かんとう》は雲外《うんぐゎい》の夜《よ》
数杯《すはい》の温酎《うんちう》は雪の中《うち》の春
白居易

夏の盛りでもドブロクはつくる
←
酸っぱくならないですか
←
すみやかに飲むもんで雑菌の繁殖する間もねえんでねえか
←
ウム・いえる

昔はくず米でこうじをつくっていたがいまは上等のササニシキでつくっている

どぶろく6升ほどつくってみる
いろんなモトをためしてみたがイーストがいい
顆粒状のイースト
120CC
米2升水につけて1晩おいておく
こうじ3升にイースト120CC入れ
1晩おいておく
ふかした米をさっとさます
1晩おいておいたこうじと米をかめの中に入れて人肌ぐらいのぬるま湯を瓶8分目位まで入れる
米8分目
米・こうじ5分目
「1斗瓶」
このかめは昔水ガメにつかっていたもので一度でもミソとかつけものにつかったものは絶対にうまくゆかないという
冷暗所におきビニールでふたをしてアルコールの蒸発をおさえる
4〜5日すると米ツブがういてその下に澄んだ酒その下には澱と三層に分かれる
米ツブ
澄
澱
飲む
ザルでこして器に入れる
試飲メモ
いままでのドブロクづくりと違ってる点は米とこうじの割合が杉田さんの場合、こうじと水の量が多めであるという点です。酸っぱみが多少強いがいかにもドブロク本来のうまさはこれだと主張してるようです
男っぽい味でした

五・秋田・小西良平さん
酒のあわでつくる
秋田には、今も昔も大小の造り酒屋がそれぞれの美酒を競っている。そのひとつの醸造元で長く杜氏として働いている
小西さんは、清酒をつくるかたわら、自分用のドブロクを酒のあわでつくっている、つまり今風にいえば、本物のドライ・イーストなのである。
仕込みの時は冬でも熱くてすっ裸でやるよ
醸造中 桶のへりについたあわをとりかわかしておく
乾燥させておく
淡雪がつもった様にみえるところから、これを「淡《あわ》モト」と呼び慣らわしてきた。
金を得てビルを出でしが四五分の後するすると飲屋に在りつ
吉野秀雄

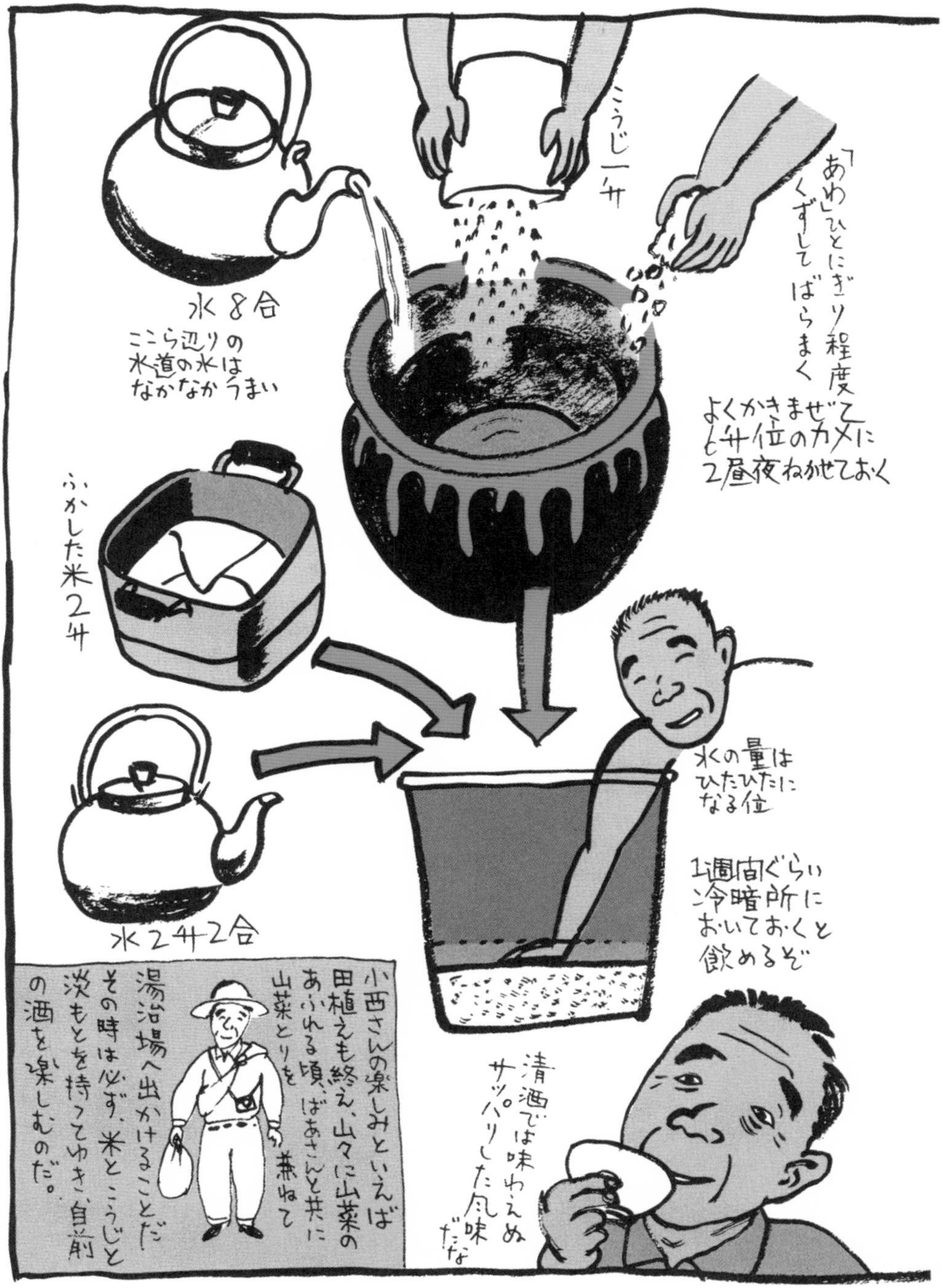
水８合
ここら辺りの水道の水はなかなかうまい
こうじ一升
「あわ」ひとにぎり程度くずしてばらまく
よくかきまぜて6升位のカメに2昼夜ねかせておく
ふかした米2升
水2升2合
水の量はひたひたになる位
1週間ぐらい冷暗所においておくと飲めるぞ
小西さんの楽しみといえば田植えも終え、山々に山菜のあふれる頃、ばあさんと共に山菜とりを兼ねて湯治場へ出かけることだ。その時は必ず、米とこうじと淡もとを持ってゆき、自前の酒を楽しむのだ。
清酒では味わえぬサッパリした風味だな

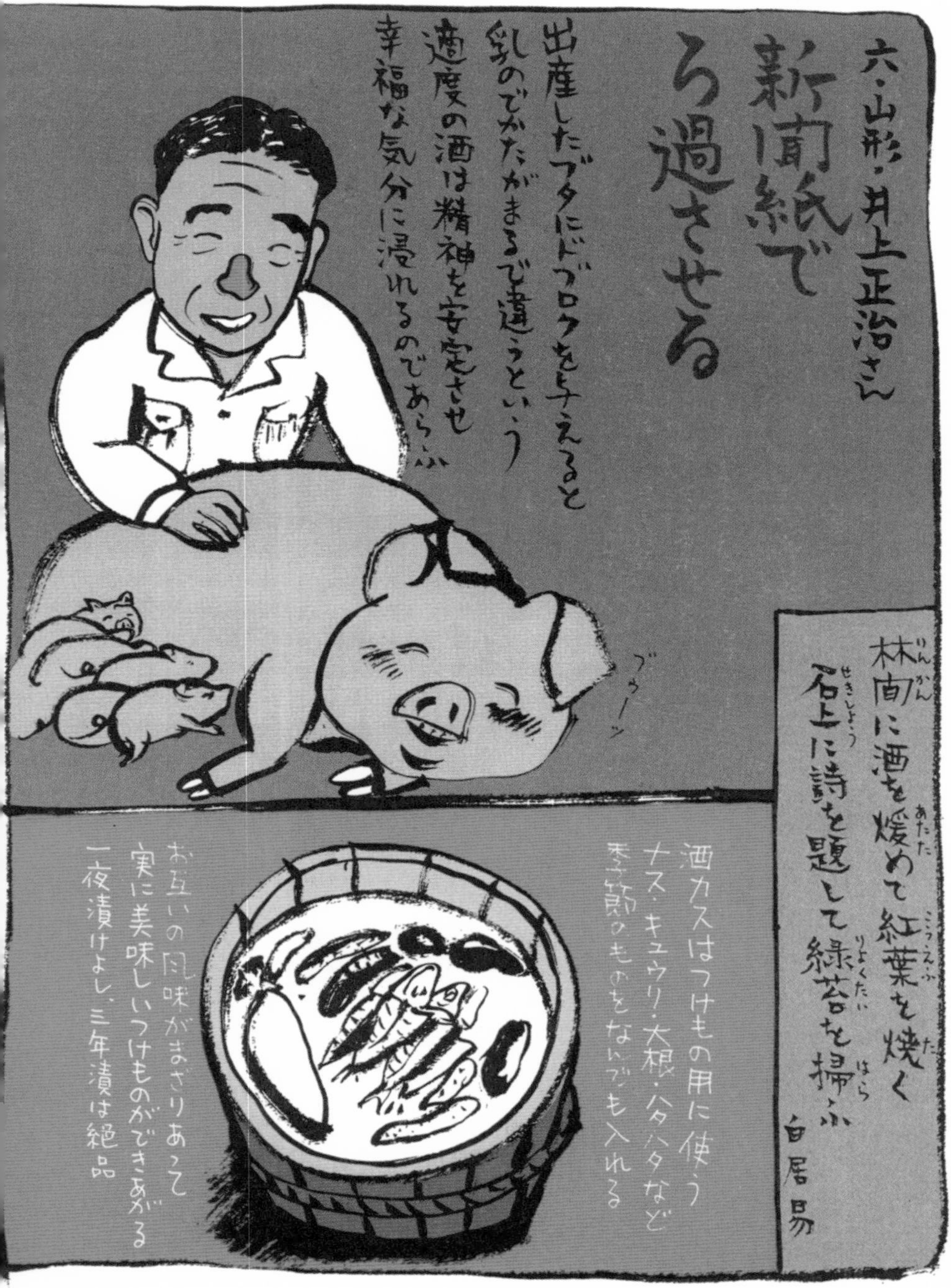
六・山形・井上正治さん
新聞紙でろ過させる
出産したブタにドブロクを与えると
乳のでがたがまるで違うという
適度の酒は精神を安定させ
幸福な気分に浸れるのであらふ
ブウーッ
林間《りんかん》に酒を煖《あたた》めて紅葉《こうえふ》を焼《た》く
石上《せきじょう》に詩を題して緑苔《りょくたい》を掃《はら》ふ
白居易
酒カスはつけもの用に使う
ナス・キュウリ・大根・ハタハタなど
季節のものをなんでも入れる
お互いの風味がまざりあって
実に美味しいつけものができあがる
一夜漬けよし、三年漬は絶品

つくり方
板こうじ2枚
イースト50g
米1升を普通のかたさに炊いて、人肌ぐらいに冷ます
米の3倍量の水を入れて3〜5日おいておく
ザルに新聞紙を敷いてろ過する。フタをして一昼夜おいておくと濁りの少ないドブロクの出来あがり。
手ぬぐいとか、ガーゼでもやってみたけれど、味がいまひとつよくない
80℃
できたドブロクを高温殺菌して常時保管している
こうしておくといつでも飲めるからだ。それをみはからって近所の人がワイワイガヤガヤ
ドブロクはしっかりと根づいている
バアちゃんのよりかうまいぞ
なんのバアさんの酒の方がうまいわ

七・岩手・長内トクさん
ひえ・あわでつくる
山間地であるこの村では、寒冷気候のため、
米がとれなくなりがち酒の好きなものは何処も同じ事。
そこで豊富にあったひえ・あわを石臼のバッタリで
ガタンガタンとついて、寒に酒を仕込む。酒作りはゆっくり
ゆっくり時間をかけて、味つく春をただ待つ。
さむくなりぬいまは螢も光なし こ金の水をたれかたまはむ
良寛
いまではほとんどの家でみられなくなったバッタリが長内さん宅ではいまも健在であった。これでついた穀物は機械でやったのと違って味わいがあるという。手をかけることは、生活することの基本だもの。
他にも、石うす、油しぼり機もありました

寒に仕込む、ひえ、あわのドブロク
ひえ1升（あわも同じ以下略）
ぬかを洗い流してふかす
ひえ1升に対してこうじ8合
水はひたひたになる位でいい
この水は裏山のわき水を使用している
水はいい味になる第一条件だそう
いままでのドブロクづくりと違うのがモトを使わないでつくるということだ
ふたをしたまま3ケ月位おいておく。
途中で膜がかかるがそのままにしておくこと
番外編
しぼりカスに水1升程加え10〜20日で又、酒がとれる。でもこれは水くさくて自分用のやつだといってた。
こすときに水を加える
そのままだと少しキツイ
元の量の1.5倍位の水を加える
いつも一番しぼりをいただけるしあわせな徳一ジイさん
手拭いをザルにかぶせてこす。
試飲メモ
この一番目にこした酒は何とも口あたりさわやか米とは一味も二味も違う野趣豊かなものでした。

八・山形・斉藤セツさん
大量に仕込めば押しの強い旨い酒となる
低くたれ込め押し黙ったような雲から腹にひびくような雷が鳴る季節がくるとここ山形では冬が来たという。そしてこの雷を遠雷と呼び冬仕度を急ぐという。そしてこの季節こそ濁酒を仕込むには、いちばんの時節でもある。
寒に作った酒を一升ビンにうつして土中に埋める十分ねかせた酒を土用の頃、掘り出して飲む「これがもうたまらなく旨いとジィちゃんが云うんだ」とセツさんの頬が赤らんだ。春になれば、出稼ぎから戻ってくる。
「昔は監視がきびしく税務署の人間をみつけると酒探偵が来たといって必死になってかくしたもんだ
ある時などは一升ビンもドンドン便所の中へ放り込んだもので
あとが大変だった」と言った

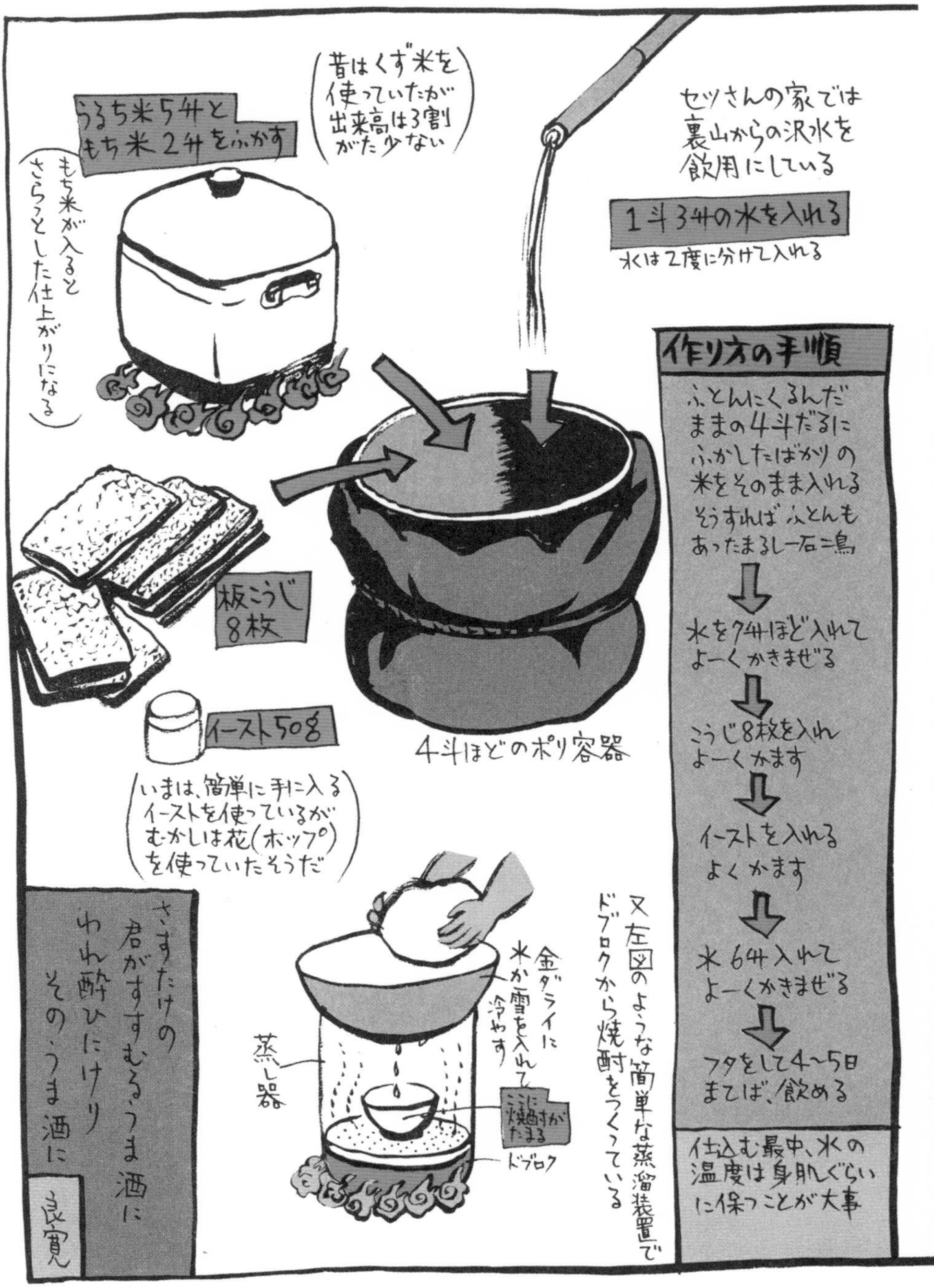

うるち米5升と
もち米2升をふかす
もち米が入ると
さらっとした仕上がりになる
昔はくず米を
使っていたが
出来高は3割
がた少ない
セツさんの家では
裏山からの沢水を
飲用にしている
1斗3升の水を入れる
水は2度に分けて入れる
作り方の手順
ふとんにくるんだままの4斗だるにふかしたばかりの米をそのまま入れる
そうすれば ふとんもあったまるし一石二鳥
水を7升ほど入れて
よーくかきまぜる
こうじ8枚を入れ
よーくかます
イーストを入れる
よくかます
米6升入れて
よーくかきまぜる
フタをして4〜5日
まてば、飲める
仕込む最中、水の
温度は身肌ぐらい
に保つことが大事
板こうじ
8枚
イースト50g
4斗ほどのポリ容器
いまは、簡単に手に入る
イーストを使っているが
むかしは花(ホップ)
を使っていたそうだ
又左図のような簡単な蒸溜装置で
ドブロクから焼酎をつくっている
金ダライに
氷か雪を入れて
冷やす
蒸し器
ここに焼酎がたまる
ドブロク
さすたけの
君がすすむるうま酒に
われ酔ひにけり
そのうま酒に
良寛

九・長野・松本隆平さん

信州信濃の節ッ様は、本格三段仕込みの強い酒

酒は、まず酛(モト)をつくるところからはじめる
ワキの度合いをみながら、二段目、三段目と
量をふやしてゆく、このやり方で
できた酒は酒精の強い、腰の
ある酒だという。多い時には
一度に3斗から
4斗仕込む

現在は酒造り専用になった納屋の中は
桶、ジャッキ、蒸溜器などが所狭しとおかれている。

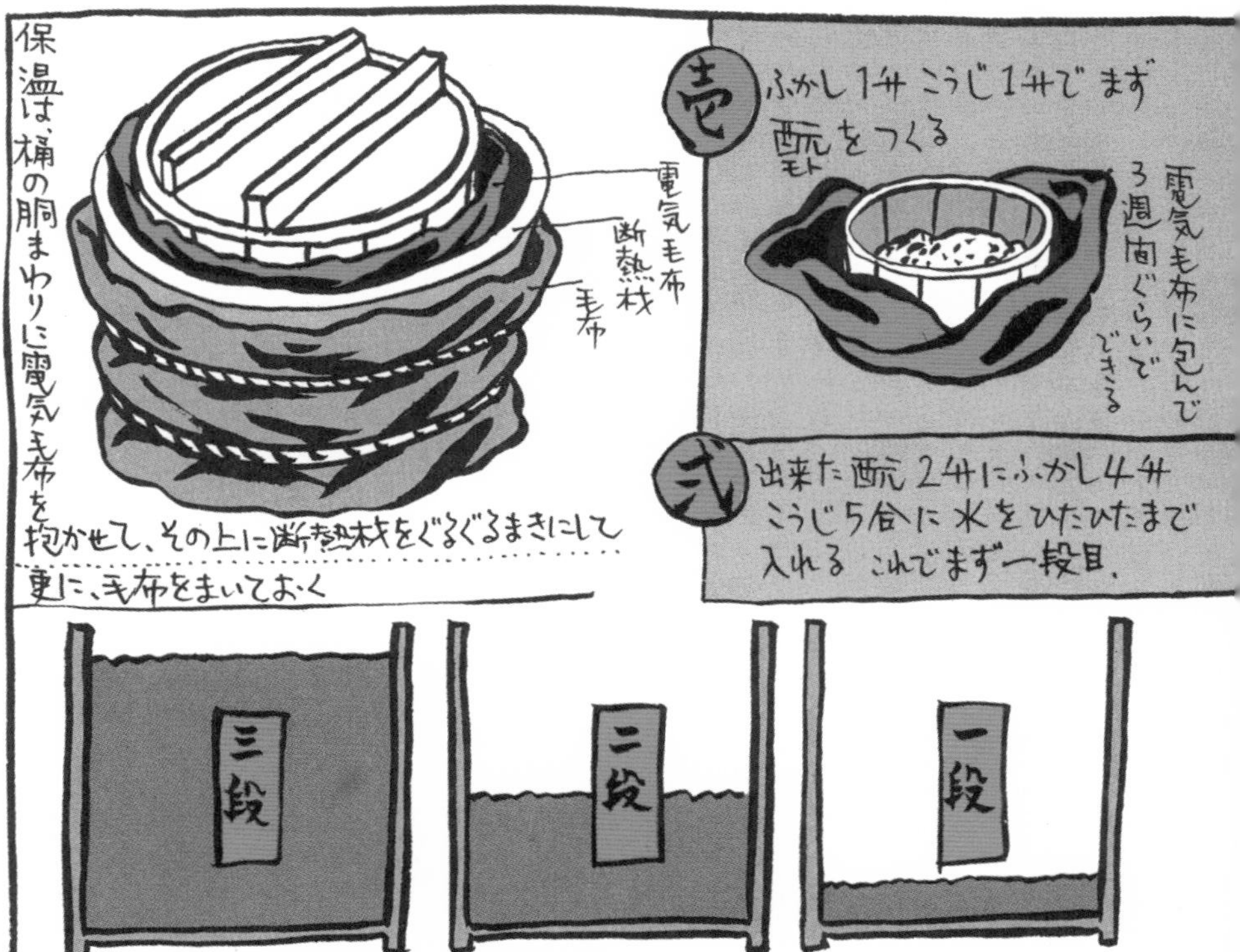
保温は、桶の胴まわりに電気毛布を抱かせて、その上に断熱材をぐるぐるまきにして
更に、毛布をまいておく
電気毛布
断熱材
毛布
壱 ふかし1升 こうじ1升で まず 酛《モト》をつくる
電気毛布に包んで3週間ぐらいでできる
弐 出来た酛2升にふかし4升 こうじ5合に 水をひたひたまで 入れる これでまず一段目。
三段
二段
一段
参 仕込んで2~3日するとプクプクあわがわいてきたら 二段目の仕込みをする。ふかし8升にこうじ8合を加える（こうじの量は新たに加えるふかし米の1割を目安に入れる）水はひたひたまで。
四 又、2~3日で ワキが活発になる。で、三段仕込みと相成る。ふかし米1斗2升にこうじ1升2合 それに水をひたひたに加える。時折、ワキの具合をみながら 3週間ほど 酒になるのをまつ。
五 酒になったら右頁の様にジャッキでしぼり、ビン詰めにして、冷暗所に貯蔵しておく。いつでもとり出して飲める。土用のころまではもちろん 1年たってもまだイケルのだ。
遠蛙《とほかはづ》酒の器の水を呑む
石川桂郎
飲んでばかりじゃなく爺ちゃんに教わってつくってみるかと息子さん

十、山口・黒松まさ子さん

こうじ米だけでつくる お母ちゃん軍団の銘酒「谷しぶき」

長く生活改善運動や産直販売に力を注いでいる黒松さん達グループでは濁酒にも並々ならぬ創意を働かせ、米こうじだけでつくる方法をつくりあげました

その名も「谷しぶき」と名付けて近在の酒好きさ
を喜ばせています。

又、自分達でつくったこうじを使ってミソ、かきこ酢づくりにも積極的で「私達、百姓の暮しがおもしろくてこんないい所ないわ、やりたいことがいっぱいあって…」と官製の一村一品とは違った村の営みがありました

谷しぶき

いかにも元気の出るドブロクって名前です

うちの辺りの水は特別うまいんだ
こうじは時間と温度みるのが大変だな、なれるまでは
サーモスタット付の温度調節きで水温は30℃に保つ
二番手入れの後アルミ鍋にラップをぴったりかける。すると中の酸素が少なくなり、ワキの強いこうじができる。

雛の酒茶わんでのんで叱られる　江戸川柳

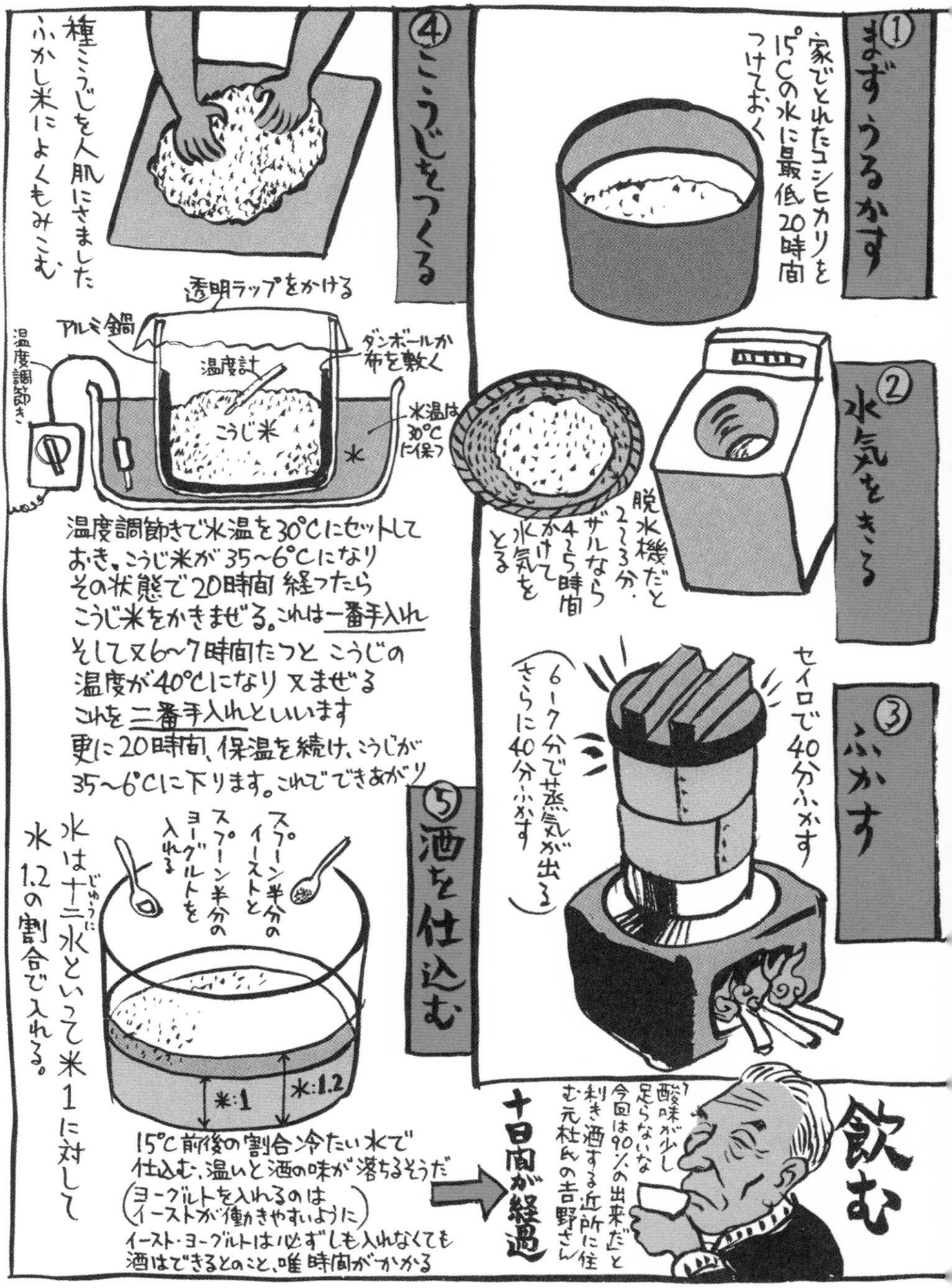
①まずうるかす
家でとれたコシヒカリを15℃の水に最低20時間つけておく
②水気をきる
脱水機だと2〜3分、ザルなら4〜5時間かけて水気をとる
③ふかす
セイロで40分ふかす
6〜7分で蒸気が出る さらに40分ふかす
④こうじをつくる
種こうじを人肌にさましたふかし米によくもみこむ
透明ラップをかける
アルミ鍋
ダンボールか布を敷く
温度計
こうじ米
水温は30℃に保つ
温度調節き
温度調節きで水温を30℃にセットしておき。こうじ米が35〜6℃になりその状態で20時間経ったらこうじ米をかきまぜる。これは一番手入れ
そして又6〜7時間たつと こうじの温度が40℃になり 又まぜる
これを二番手入れといいます
更に20時間、保温を続け、こうじが35〜6℃に下ります。これでできあがり
⑤酒を仕込む
スプーン半分のイーストとスプーン半分のヨーグルトを入れる
水は十二水《じゅうに》といって米1に対して水1.2の割合で入れる。
米:1
水:1.2
15℃前後の割合冷たい水で仕込む。温いと酒の味が落ちるそうだ
(ヨーグルトを入れるのはイーストが働きやすいように)
イースト・ヨーグルトは必ずしも入れなくても酒はできるとのこと、唯時間がかかる
十日間が経過
飲む
酸味が少し足らないな
今回は90%の出来だと利き酒する近所に住む元杜氏の吉野さん

さ、千葉・里見ゆり子さん

仕込み水の温度60°〜70°Cで度の強い濁酒ができる

山どりが田畑のあちらこちらで恋のセレモニー。
一斉に芽ぶいた新緑のまぶしさに
酒も入らず赤らんでしまった。
房総の山間いに耕作のかたわら
同人誌に小説を寄稿するし
ヒマな時なんてないという里見さん。
ドブロクづくりはおじいさんから
教わった。できた酒はいつも強い。
これは仕込み水の温度の高さに
あるのかしら
いろいろやった
けれど、いまは
これがいち番
という

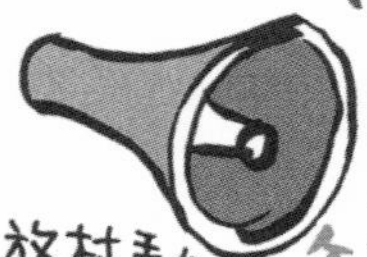
「ジロウマが暴走《はね》ました
ケガをしないように
して下さい」

ムカシ 手入れがあった時には
村の有線放送でこんな
放送を流して知らせたという

仕込みはいつも
ハウスの中で
やるの。だって
温度管理が
うまくゆくでしょう
室温 40°C

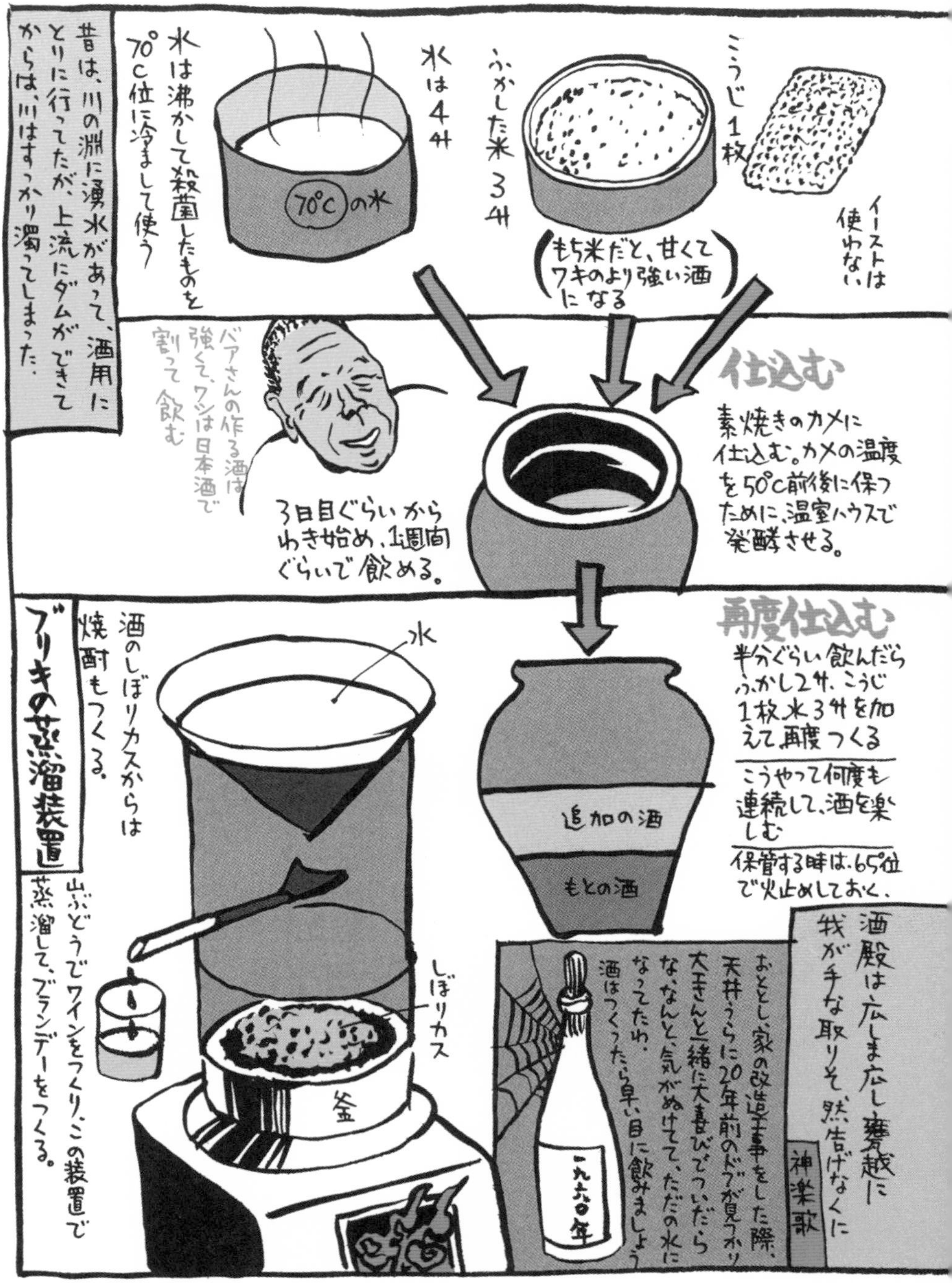

こうじ1枚
イーストは使わない
ふかした米3升
(もち米だと、甘くてワキのより強い酒になる)
水は4升
70℃の水
水は沸かして殺菌したものを70℃位に冷まして使う
昔は、川の淵に湧水があって、酒用にとりに行ってたが、上流にダムができてからは、川はすっかり濁ってしまった。
仕込む
素焼きのカメに仕込む。カメの温度を50℃前後に保つために、温室ハウスで発酵させる。
3日目ぐらいからわき始め、1週間ぐらいで飲める。
バアさんの作る酒は強くて、ワシは日本酒で割って飲む
再度仕込む
半分ぐらい飲んだらふかし2升、こうじ1枚水3升を加えて再度つくる
こうやって何度も連続して、酒を楽しむ
保管する時は、65℃位で火止めしておく。
追加の酒
もとの酒
ブリキの蒸溜装置
酒のしぼりカスからは焼酎もつくる。
水
しぼりカス
釜
山ぶどうでワインをつくり、この装置で蒸溜して、ブランデーをつくる。
酒殿は広しま広し甕越に我が手な取りそ然告げなくに
神楽歌
おととし、家の改造工事をした際、天井うらに20年前のドブが見つかり大工さんと一緒に大喜びでついだらななんと、気がぬけてて、ただの水になってたわ。
酒はつくったら早い目に飲みましょう

十二、秋田・沢田仙造さん

初夏の湯治場は山菜つまみにドブを飲る。

田の仕事が一段落する、五月の末頃から静かだった山の湯は近郷の人達で賑わいをみせ、一転、山の社交場となる。ここへ来る人達はふとん、なべかまは勿論、ストーブまでも持ち込み、短い人でも2週間、長い人だと一ヶ月以上も逗留するという。その間、山で採る山菜を加工しながら温泉つかって、のんびりします。そこで欠かせぬものはドブロク、家から持ってきた、麹、米で山の湧水でつくる酒は、季節のゆるやかな気分が伝わってくるように、甘みの強い酒だ。爺さん達は酒のことを「フクロウ」とよび交している。心は「夜出てくる」

米3升を1晩うるかす
ふかし器の底に「こすき」と呼ぶ穴があいているこれをクラでかぶせて米が落ちないようにしてむす。お米は山のように入れるのがコツ。
炊く場合はかために
人肌にさます
水5升を加えかきまぜる
(水：米、こうじの割合は1：1がよい)
ゴミ袋を利用していた
これだと他の菌に侵される心配がない
ポリ容器
こうじ2升と生イースト50gを入れ、かきまぜる
新聞紙を間に入れる.
毛布かふとんにくるみ2〜3日で、できあがる
昔はイーストのかわりにミズナラの木を焼いたオキを使ってつくっていたという
ある時は小腹も立ちし友だちのあと曳き酒も来ねばさびしき
小杉放庵

十三、山形・鳥海山の母さん達

村の母さん達の競作はどれもこれも一等賞

鳥海山に抱かれた戸数僅か六戸のこの村は、稲の収獲を前に、ひっそりと去く夏を息づいている。ここ六軒の母さん達は、父さん達に飲ませるために、それぞれドブロクを欠かすことなくつくり続けている。

井本ヨシノさん
冬でも酒きらさぬようにと昔は2里の雪道をモトを買いにこうじ屋まで行ったものだ
加藤貞子さん
うちの湧水が部落でいちばんうまいらしいよ
みんなにわけてあげるぐらいだ.

20年位前まではひんぱんに酒調べがやってきて家の中はいうに及ばず、納屋、牛小屋から山の中まで探し回ろ。こっちは、そうはさせじと、足跡を木の葉で隠したり、つくり場所までわざわざ遠回りしたりで、キツネとタヌキの化かし合いの様だったわ、と今は昔の笑い話

冬は花(からはな草) 夏はもち米の粥をモトにする

夏編

米5升を水がきれいになるまでよくよく研ぐ
水は多めに入れておく(1.3倍ぐらい)
もち米でお茶わん一杯のお粥をつくる
ひたしておいた米の上に粥をそおーっと入れる
フタをして、一ト晩おいておくと粥がふわっと浮いてくるそこで米をザルにあける
水
この水がモトになる

小野アサ子さん

仕込みが終ったら最後に桑の木をさしこんで、ええ酒ができますようにと、おまじないするのよ

佐藤リツヨさん

私は飲めないけどカメの中でプクップクッわいてる音をきいてうまくできてるかどうかわかるのよ

藤村カズエさん

こうじと米をかませるときよーくもむのが大切なんじゃないのかな

四月菜の花の咲く頃につくるので「菜の花酒」と呼びならわしている濁酒。ここの母さん達は「四」のつく日には酒は絶対仕込まない。それは、その日につくると酒が、しっかく（すっかく）なるからだと固く信じている。又、お互いに同じ日には仕込まないという。それは、条件が同じでつくって、片方がまずかったりすると、ネェホラ、よくないでしょう こうやってつくられた酒は、村が年一番の賑わいをみせる盆の頃、お喋りの中に、大ガメが一つ、二つと空になってゆく

ザルの米をむして人肌にさましこうじ3升を加え、よくよくかきまぜかます

ザルでこした水を手首のあたりまで入れる 絶対に他の水を加えてはならない（例え水が少なくてもだ）少なければそれなりにできるそうだ

土の中で発酵をまつ。4〜5日でも酒にはなるが、フタをあけないで1ケ月から2ケ月おいておけば旨し酒になることうけあい

十四・秋田・児玉ミツさん

諸肌ぬいで、山の中でつくるもろはく

一斗の蒸し米をセイロごとさめないよう毛布にくるんでかつぎあげるのよ
酒つくるのは花嫁修業だな

まだ私が二十才の嫁入り前のこと
春四月山の雪がとけ始めるころ、おばあちゃんの
お供で山にドブロクつくりに行ってたの、
当時は酒調べがひんぱんにあったもんでな
家の中で酒つくるなんて
とても出来なかったのよ、
山の中といっても湧き水が
ある沢の脇でつくるのよ、
かめを地中に埋めとく時に
は同じ温度であることが大事なの、
つくる時は、諸肌ぬいで、土中に埋
めたカメに身体つっこんでギューギュー
押してつくるのよ、それを6月田植
えの頃に、とり出して、出来た
もろはくを食べるのよ、
そりゃおいしいものよ

酒花からつくったドブロク1升
もとに使う
こうじ1斗
ふかし1斗
カメ
酒づくりの道具材料一式を山に持っていった
全部をかめの中に入れてツユがなくなるまでよくよくもんで最後にペタペタ上から押さえて仕込みは完了
そのあと桑の木をさして「ええの、できますように」とおまじないをします
上から風呂敷、板をおき、さらに土をかけその上から葉っぱでカムフラージュする
酒調べの人だけじゃなく、山菜とりの人がカメをみつけて、その場ですっかりいただかれて、すっかりいい気分でグーグーなんてこともあるんだから。
そして2ケ月何もしないでほっておく
できあがり
そのまま食べてもよいし様々の料理に使えば更においしいまた、これをモトにつくるドブロクは更によし

十五、秋田・平山矢吉さん

桶が鳴るかしごきが鳴るか 桶とささらの愛が鳴る エーヤーレー 杜氏の心で濁酒づくり

冬ともなれば猛烈な地吹雪の荒れ狂うこの地方は、米どころとしてその名を知られている。い～米にい～酒の通り古くから多くの醸造元が酒づくりを競っていた。そんな一つの酒屋で永く杜氏として働いてこられた平山さんは酒づくりの心掛けとして
一に容器を清潔に保つ
二にうまい水をさがす
三に温度管理に気をつける…と、あたり前のことを大事にやることだと教えてくれた
酒は作り手の気持がすぐ映るからね。

しょう酎を入れてたカメを割って、濁酒専用のカメにしました
昔のクセで仕込むトキには歌が出る
酒屋の人間がドブロクつくると罰金が倍になるんだなんておどかされたよ。
麹の割合を多くすると甘い酒になってしまう
ワキが弱いようだったら乳酸を極く少量入れ酵母菌の働きを助けてやるといい。乳酸には他の雑菌を殺す力もある。

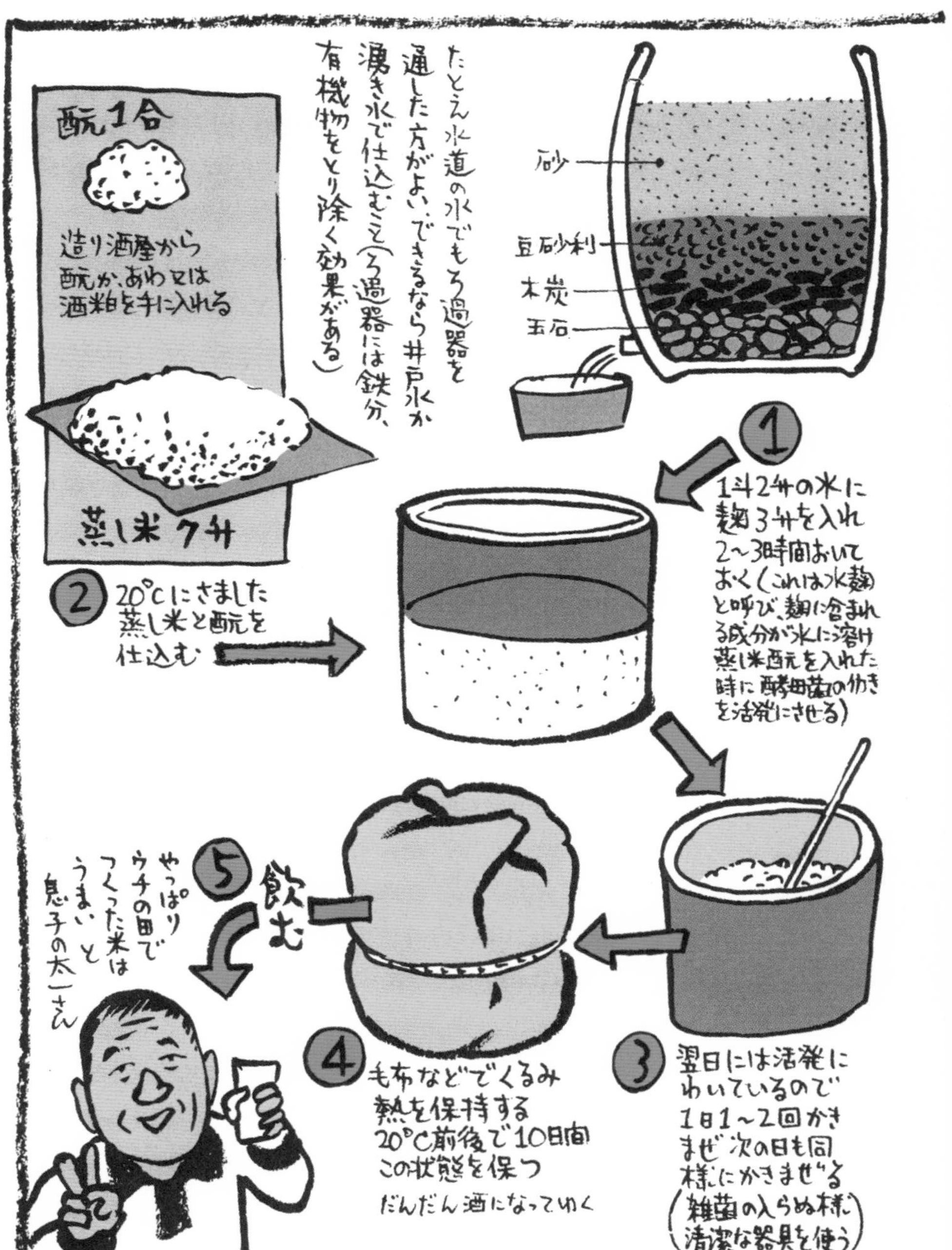

たとえ水道の水でもろ過器を通した方がよい、できるなら井戸水か湧き水で仕込むこと（ろ過器には鉄分、有機物をとり除く効果がある）
砂
豆砂利
木炭
玉石
酛1合
造り酒屋から酛か、あわセは酒粕を手に入れる
蒸し米7升
① 1斗2升の水に麹3升を入れ2〜3時間おいておく（これは水麹と呼び、麹に含まれる成分が水に溶け蒸し米酛を入れた時に酵母菌の働きを活発にさせる）
② 20℃にさました蒸し米と酛を仕込む
③ 翌日には活発にわいているので1日1〜2回かきまぜ次の日も同様にかきまぜる（雑菌の入らぬ様に清潔な器具を使う）
④ 毛布などでくるみ熱を保持する 20℃前後で10日間この状態を保つ
だんだん酒になってゆく
⑤ 飲む
やっぱりウチの田でつくった米はうまいと息子の太一さん

十六・山形・池沢タミさん陰山トシさん
にわかづくりに寒仕込み
「どんべ」のとぎれることはない
北上の山里は、雪の下の中にある
街との往き来もまゝならぬこの季節
山の村では、どんべは欠かせぬ
ものである。度重なる冷害
で米作をあきらめざるをえな
かった村人は、あわ、ひえを材料
にしてつくっていた。あわは甘味があって
わきの強い実に旨いのができたという
「米がいちばんまずい」とその昔を懐い出
すように、炉端に目を落し乍らつぶやいた
山に柴刈りに入った時、他の人がかくしておいた
どんべをみつけて、さんざん酔ってしまったとか
バッタリの話… 炉端の話は尽きることがない
ドブロクのこと どんべと 呼んでる
イーストはだめ あれは頭にくる ものと トシさん

寒仕込み
① 米1斗を5〜6時間うるかし その後ザルにあけ水をきる
② 米をふかし、人肌にさます
③ こうじ1斗をよく米にまぜこませ ひと晩おいておく
残ったごはんをおかゆにしてこうじとまぜてつくる、大体1週間でのめるわね これをにわかづくりといっている
タミさん
④ 米が冷やっこくなったら容器に移し冷水を手首の上あたりまで入れる（山の湧き水を使っている）
⑤ 仕込み終ったら、容器の回りをワラでくるみ陽あたりのいい戸外かハウスの中に置いておく 田植えのころうまいどんべのお出ましだ

十七・山形 藤平サクさん

酒調べとの知恵くらべっこだ 罰金なんぼとられたってドブロクは やめられねェ。

昔はよく酒調べがきたもんだった。
みつかったら最後、カメでも桶でも
何でももってゆかれるの。だからこっちも、梁の上とか
牛小屋とか、山ん中とか、いろんなところにかくしたもんだ。
それでも、みつかって持ってゆかれることもあるんだな。
その押収したカメをそりに乗せて持って帰る
税務署の人間が、この村の峠の下の温泉
で飲めや歌えの大さわぎ。どうした
ことかとみれば、村から押収したドブロク
飲んでさんざ酔っぱらってるの。
ほんと、たち悪いのは役人共だど
とっぴんぱらりのぷう

萱の中にかくしておいたところから
この辺りでは萱酒とも呼ぶ
米はひと晩水に
つけておく
むかしはひえでもつくったが
米に比べてぬるぬる
するなあ
サクさん
ふかし8升
こうじ4升
イースト10g
水
寒に仕込むとき、水は
生ぬるくして入れる
手首のあたりまで
水を入れる
まる1日でプクプクわいてくるのを
みはからって、もう一度仕込む
こうじ1升
ふかし米2升
※水は足さない
毛布でくるんで一週間位
台所においておく
ざるに
和紙を敷いて
こす、澄酒のような酒になる

十八・岩手・大平仁平さん

すっかいぶどう酒変じて香り高きブランディー

雪の中にすっぽり埋もれた県北の村では、夏に種付けされた短角牛が、あちこちの家で生まれている。人の子ならぬ牛の仔の鳴き声は、この村にも春の近いことも告げている。牛飼いの大沼さんは、どぶろく、ぶどう酒をよくつくる。山のぶどうでつくる酒は甘みほどよい、香りの高い逸品だ。又冬には、ありあまる雪を冷却装置にしてブランデーをつくるのも楽しいという。問題は冬まで酒が残っているかどうかだと。

お産の真近になると深夜でもつきっきりで見守っている
生まれたばかりの仔牛は見るもの触れるもの好奇心いっぱいでせまい牛舎の中をとびはねていた元気のいい仔牛だ

実に簡単に
しょうちゅう
ブランデーが
とれる
いろんなビンに
仕込んだぶどう酒
少々すっぱくなっても
大丈夫!
例えば1升のぶどう酒を蒸溜すれば
最初にとれた1合は
香りも高く度数の
強いブランデー
となる
イケル
蒸し器
雪をボールに
山もり入れて
鍋を冷やす
しかし2合目位をとる
ときには度数も香りも
弱くなる　マアいいか
が3合目あたりからは
匂いも香りもほとんど消
えて、水を飲んでるよう。
1升のぶどう酒を飲むか
2合のブランデーを選ぶか
悩むところであります
どぶろくから焼酎をとる
のもほとんど同じ割合
これは
乙類一級品だね

十九 神奈川・李順愛さん
もち米もとのマッコリに
キムチ程よく踊りよし
日本各地でつくられているドブロクと、同じつくり方でつくる
朝鮮・韓国の酒が「マッコリ」
と呼ばれる濁酒だ
在日朝鮮人の李さんは
日本に住んで、半世紀が過ぎた。
「生きるためには、何でもしたよ。
いまでも働いている方が調子いいよ」と
たくましい在日一世の顔をくずした。
「ムカシは、正月だといえば
マッコリを、花見だといえば
マッコリで、大勢の同胞が
集って酒盛りをしてたが、
いまは親子兄弟みんな
バラバラ、淋しいね」
でも今日はみんなが集まる
マッコリ飲みに。
マッコリ
しぼってばかり
いたから
こんなにチカラ
強くなったよ

よく洗ったもち米3Kgをひと晩つけておく
ざるにあけ水洗いをする
ふかす
蒸気が逃げぬように手ぬぐいをまいている
板こうじ1kgをよくほぐす
こうじがひたひたになる位まで水を加え1時間ほどおいておく
人肌までさます
こうじともち米を入れよくかます水は手首のあたりまで入れる
イーストはほんの少し小指の先っぽほど入れる
仕込んで2日目まではふとんでグルグルまき
3日目になるとふとんの上の方をあけてやる
シーツがフタの役目
寒の頃だとシーツにふとんをかぶせて、あたためてやる
そしてそのまま1週間まつ
そしてしぼって飲む

二十・北海道・上西ステさん

ひえからつくるチカラサケ《われらつくる酒》は 神サマからの贈り物

アイヌの人々にとってサケは祭りに欠かすことのできないものだ。種まく春には「今年も作物ができますように」と神にサケを捧げ収穫の秋には「おかげさんで、こんなに、とらせていただきました」とサケを捧げ、感謝する。米のなかった昔から、ひえあわを使いサケをつくり続けている。上西さんも16才の頃からつくり続けて70年の歳月が経つ。

仕込み終えたオケをキナ(ござ)でくるみタル(ひも)でゆわえるそして鎌をさし込んで
「どうぞおいしいサケができますように神サマお守り下さい」

ひえ6升をたく
鍋が煮たってからひえを入れる
こげないようにヘラでかきまぜながら
粥をつくる
ひえで粥をつくる
ぬるま湯5升位に
こうじ
3升を
つけて
おく
人肌にさました
ひえ4升に
こうじ2升を
かませる
よーくもむこと
こうじとひえを何度も何度もよーくもみ込む
水は少量しか入れない
よーくもみ込んだら
更に残りのひえ2升と
残りのこうじ1升をよーく
まぜ込む
こうじを
つけていた
水1升を
入れて
更によく
もみ込む
かませ終えたらオキを
入れる「火の神サマ、サケが
うまくできますように
番をしておいて下さい」
とアイヌ語でお祈りを
していた。
ジューという音と共にオキの
回りがブクブクと泡立つ
これで仕込み終り
右頁のようにキナ2枚でおけを
くるみ家の東南の角に置く
一週間まつ
サケの
できあがり
うさ(オキ)を入れる

二十一・熊本・上本克洋さん
ドブロクは堆肥の中で
まろやか発酵
九州といえば焼酎！と
思わず反応するが人の常
ところが独得のドブロク
づくりがしっかり伝わっている。
和牛を飼育する人達の
多いこの地区で、堆肥
の熱を利用してつくっている
のが上本さん。冬でも60℃
ぐらいの熱をもつ堆肥の中に
仕込めば、三、四日で飲める。
「堆肥の発酵がうまくいかねば、
ドブロクの発酵もうまくいかん」

作米《しゃこめ》2升を蒸す
こうじ5合
こうじは、代々どの家でも
タネこうじを持っていた。
できた良質のこうじを
天日にあてず乾燥させて、
それをもとにこうじをたてる
人肌にさまし、
かめの中でよくまぜこみ、水を米の量の
3倍を入れる
水6升を加える
水
米
こうじのよしあしで
ぜーんぶ決まってしまう
イーストなんか
つこうとりません
冬は堆肥の中に
入れる。
3〜4日でできる。
牛にワラをふませた堆肥
60°Cぐらい熱がでる
夏の祭りにもドブロクはつきもの
この地方では年に一度、牛の健康を祈る
「牛越祭」が開かれる。
10m程の丸太を横におき、
後から追って飛びこえ
させる
牛は2メートル
くらい
とびこえるぞ
ウィー

二十二、福島・福長寺
除夜の鐘撞き終えて酌む般若湯
「夏には除夜の鐘はないが、
般若湯はありますよ」と
木桶にたっぷり入っている
濁酒を指して「これは知恵
あるもの般若の水です」と和尚さん。
年に一度、村あげての祭りの
踊りのはねた後、寺へ向う人達の
手にはドブロクが下げられている。
その酒は桶に移され、いっしょにされる。
「こうやって飲むと、みんなの
気持がいっぺんに味わえるから」
本堂には和尚さん、大黒さんの
心づくしの山イモ、イワナ、豆腐、漬物
などの料理がならび、酔うほどに
村おこし、嫁とり、牛の話等々
満天の下、話のつきることはない
私なんかお経より早く
ドブロクのつくり方おぼえたため
先代も酒が好きだったべ

まあ、かたいことはいわないでおくか今日ぐらい
ちなみにビールのことは麦般若と申します
まずモトをつくる
こうじ1合を水をひたひた位加えて、こさらかす（発酵させる）ひと晩で発酵する。それをしぼり、その汁をモトに使う
こうじ1升
ふかし2升
人肌にさます
ふかし、こうじ、モトをかめに入れ よ〜くもみ込む（これでもかという位）
水は手首のあたりまで
水
米・こうじ
夏場は風通しのよい暗い所においておく
大体4〜6日で程よく飲めるようになる
その上澄みをすくっていただく
フーッ
酔ったァ

二十三・鹿児島・二階堂耕三さん

薩摩隼人が力でつくる これぞ本格芋焼酎

戦争前だからもう五十年も前のことになるかな、結婚式の届け出すっと、一升の焼酎が特配になったが、それだけじゃとても足りるハズはねえ、それでみんなして雨降った、畑の仕事ができないときに、山に行って芋煮をはじめたものだ。夜どおし芋を煮て一斗も二斗も焼酎つくってナア……芋は重いから、こりゃ男衆の仕事よ近ごろは、雨が降っても、山に煙が立たんから、淋しゅうなってしもうた。

から芋はアルカリ性食品で豊富なビタミン類を含み無農薬で収穫できる。

から芋10貫
① 皮をむいて、大きめに切り、煮る
（皮つきだと焦げつきやすい）
② 芋が煮えたら煮汁をとって（汁はすてない）
芋のまま冷やす
（熱いうちにつぶすと冷めにくい）
③ たるの中で冷めた芋をつぶし、米こうじ5〜6升を混ぜ込み芋の煮汁を入れよくかきまぜる
（水は加えないのがミソ）
4斗樽
④ 7〜10日でブツブツわいてくる。2〜3日おきにかき混ぜ、甘味が消えて、酒のにおいがしたら発酵は止っている。これで芋ドブロクが出来上った
⑤ 蒸留する
かき回して焦げつきを防ぐ
← 釜に合う樽
ドラムかん
→ 水 冷やす
焼酎のできあがり
芋ドブロク2斗から5升の焼酎がとれる
焦げつき防止のかきまわし装置
布をまきつけてもれを防ぐ
竹
たる
釜
太い針金にシュロでつくった縄をまく
底にぴったりくっついている

二十四・長野・高木元一郎さん
新米届けば女房ドノにせっつかれドブロクとなる
信州の山々が彩りあざやかに染った十一月夫婦して小さな木彫工房を営む高木元一郎さん、良子さんを訪ねた。今年も庄内地方にある実家から届いた新米を使って、酒づくりをはじめるこの季節から来春まで高木さんの家にドブロクの切れることはない。というのも、良子さんが大のドブロク好きで、元一郎さんはつくり好きなのだ。
又、地域の種々な活動に参加する二人の
お地蔵サマを多く彫る元一郎さんはお寺に鎮座ます仏像より思わず手を合わせてしまう道祖神のような仏様が好きだという
米をむしている間にこうじをほぐす

手には、いつもドブロクがあり、肝心の話は
さておき、いつのまにかドブロク談義へ・・・
米一升
蒸す
ひと晩つけておいた米を、水切りして
圧力鍋で蒸す（蒸し器がないのが真相だが、
中火で15分ぐらい。
ある器械を応用するのも知恵）
飲み係の良子さん
「趣味の酒つくり」農文協刊をみて、つくり始めたの
イースト使うと香りが悪いので
つかわないの
人肌にさます
天然酵母を使ってつくった酒の
しぼりカスを冷蔵庫に保管
しておいたものをモトに使う
モト
1kg
くみおきしておいた水
水2升
こうじ750g
モト、こうじ、米を
かめの中に入れ、よく
かきまぜる
毎日一回、かき
まぜと称して
味見をしているもので
いつも飲み頃のトキ
には底に少ししか
残ってない
ビニールでフタをして
発酵をまつ
このつくり方で
ドブロク4升が
とれる（途中で
味見をしなければ
のハナシ）

二十五、秋田・吉田シマさん
四十五年前、米一斗と
交換した益子焼のカメで
つくり続けているドブロク
買ったばかりの頃は、野良から戻るとまっすぐ納屋に
飛んでったよ。カメをさわったり、みたりしたもんだったよ、
と語るシマさんは、酒の一滴もいけないのだ
ところが、おばあちゃんから
「おメエ、酒飲めねえから、いい味
つくるぞ」といわれて、「そんなものか」
と思いながらも、宝物のカメを使って
つくり始めたのが始まり始まり。
カメのせいかどうか、いままで失敗した
ことはナイととなりのジイ様が保証
してくれました。
造り酒屋からワキ花
をもらってつくったことも
あるよ。そりゃ、さすがに
ウマかったらしいよ

米はといで3日位水につけておく（米がたっぷり水を吸って、柔くなって酒が多くとれる）
秋田こまちの新米を3升
ふかす
人肌にさました米を自慢のカメに入れこうじ2升とパン用生イースト50gと水4升とでよくかきまぜる
仕込む
カメを毛布でくるみ木桶に入れて置く。熱を逃さぬようにしておく
途中でかきまぜないこと
ワキの弱くなった4日目、ごはん5合と、水3合を添えかける
再度ワキ始め強い酒になる。
添え
添えからさらに1週間位おいておく。
このつくり方でしぼって、7升の酒がとれた
イーストを使わなかった昔には、ごはんのあまりを茶わん2杯、さらし布につつみ、5合位の水の中に入れて、いろりのそばで1週間程おいておくと、水がピンク色に変わる。これがモトになっていた。
ピンク色に変った水を使う

飲後感・さすがに手練れの酒でありました 旨くありました。

二十六・ペルー・クスコ・マルティンさん
インカ帝国のそのずうーっと昔から伝わる、インディオの酒、チーチャは、発芽とうもろこしをつかい、リャマの糞を燃料につくられている。
インカ帝国のあったその昔、首都だったアンデス山中の街、クスコの人のドブロクを訪ねてきました。この辺りは昔からじゃがいも、とうもろこしの大生産地として知られ、現在も昔と変らぬ農耕中心の暮しが続けられています。そして祭祀の中心、太陽神に捧げられ、人々の喜びの酒、チーチャも昔ながらのに人々の手で伝えられています。チーチャは発芽とうもろこしを原料に、リャマの糞を燃料にして、ゆるやかに酒になって、人々の語らいは、透徹な大気に吸い込まれてゆく。
ブラジル
ペルー
リマ
クスコ
リャマ
一家総出で酒をつくるマルティン一家
酒をこすのはイチュをかごの中に敷きつめブードと呼ばれるじょうごで受け、下のかめに落とす。
イチュ（イネ科）
ブード
かめは、底のとがった土器で、下部は土中に埋めてある
ユーカリの枯れ枝をたきつけに、リャマの糞を燃やす。

ていたら、すっかり腰の抜けて、しばらくは歩けませんでした。

発芽とうもろこし10Kgを石うすで荒びきしたに小麦粉3Kgをよく混ぜ込む
発芽とうもろこし
まぜる
煮る
煮ている間中、小麦粉がこげつかないようにカイウィーナとよばれる棒でかきまぜる
鍋に馬穴5杯の水を入れわかす 熱くなったら、よく混ぜ込んだ、とうもろこし、小麦粉を入れ1時間半から2時間こげつかぬよう、煮る
この辺りは富士山より高く、沸点が85℃と低く、湯の温度は、かきまぜていることもあって60℃ぐらい
あわの出なくなるまで煮る
時折、あつくなった火かき棒を鍋につっ込んでいた
カマドの灰が発酵に何かの役をしていると思われる
酒が程良くできると竹の先に青や赤のビニールをまき、近所の人に「チーチャが飲み頃ですよ～、飲みにいらっしゃ～い」と知らせるのである。
コップ一杯のコンチョ(酛)前につくった酒のオリ。
飲む
こした原液はまだ酒とよぶ程には発酵しておらず、コンチョと呼ぶ酛を入れ 20時間程たつと、ほどよい酒となってゆく
こしたカスは、リヤマのエサとなる
こす
火を止め、さめたら小麦粉1Kgを入れ、10時間位、そのままにしておく
カマドの中のリヤマ糞の余熱で、ひと晩中、かすかな温みをもってあたためている
えと文 貝原浩
そして老いも若きも、しぼりたてのチチャをいただくのであります。味はすっか味が多少強いと感じましたが、さらっと飲みやすく、度数もさほど強くないなと油断して、5～6杯も重ね

どぶろく番外、盛百文編

ビール

麦酒

夏に涼を求め冷えたビールをグイッグイッグイッ……アーッ。よくぞ人に生まれけりと思わずにはいられないノド越しの快感。ちょいとまてよ、ビールの原材料表示をみると、麦芽、ホップ、米、コーンスターチ。何だい混ぜ味じゃないか。おさまらぬ気持でビールも不味く思える。ビール本来の味はどんなものなのか、ここはひとつ自分でビールをつくってみよう。

麦芽つくり

日本では、おかしなことに麦芽が市販されていない。全く、何で売られてないのか。でも、自家製造もできるのでそこから始めよう。

大麦種子（必ず種子用のもの）10kgを水でよく洗い、ゴミをとりのぞき、15℃の水に34〜35時間つけて、発芽に充分な水分を与える。その間2〜3回水をとりかえる。

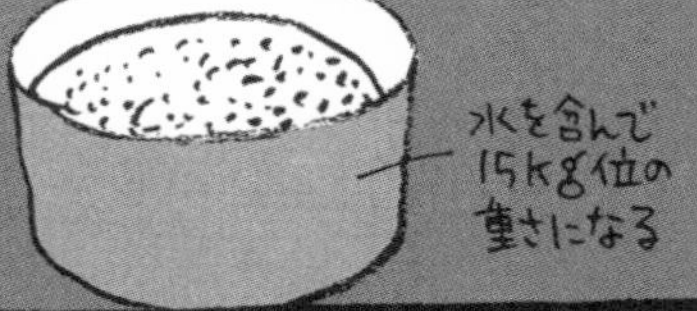
水を含んで15kg位の重さになる

発芽

温度変化の少ない、無風の場所でつくる

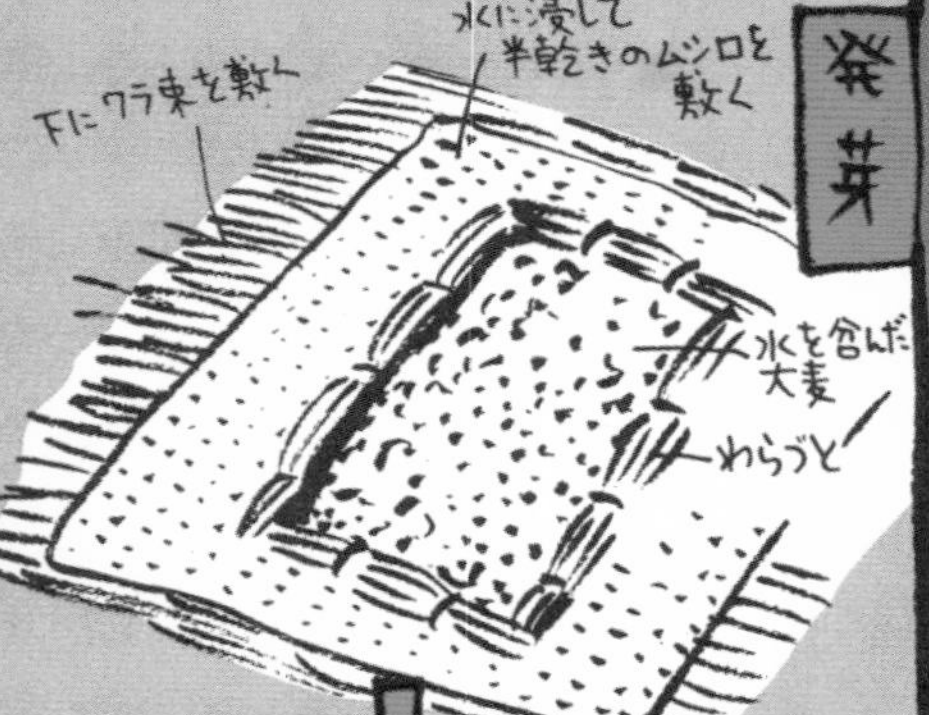
水に浸して半乾きのムシロを敷く
下にワラ束を敷く
水を含んだ大麦
わらづと

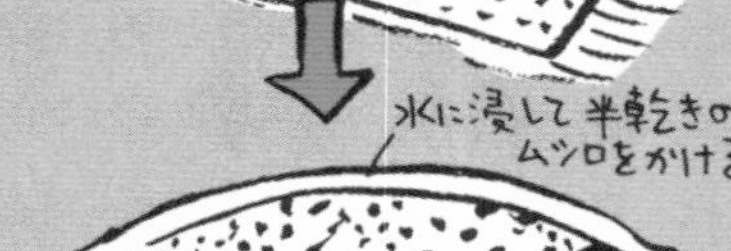
水に浸して半乾きのムシロをかける

朝、昼、夕とムシロが湿る位の水をかけよ〜くかきまぜる

温度が15°〜20℃を保つように、ムシロの枚数を加減する

葉芽
根芽
葉芽
根芽
葉芽
根芽
2〜3日
7〜8日

2〜3日で幼根が出始め、幼根が麦粒の2倍位に伸びたころから発芽が始まる

20℃で8日間ぐらいで緑麦芽（グリーンモルト）と呼ばれるビール用麦芽ができる。

ビール用麦芽ができたらただちに乾燥させ、根をとり除き、麦芽を石ウスなどで粉にする

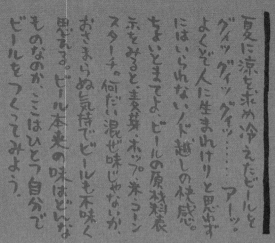

ホップ
ホップはビールの泡だちをよくし苦味をつけ、雑菌の繁殖を押さえ、余分の蛋白質を沈澱・分離させる効用がある。しかしホップも日本では市販されてない。が蛇の道は…の例えで探せばあるもの。「カラハナソウ」と呼ばれている野生のホップが広く北海道、東北、中部地方に自生している。この花は雌雄異株で、採集するのは雌花の方。秋に小さな淡緑色の花をつける。形は球状。
カラハナソウ
さあ本番ゆきますか
麦芽700g
かきまぜる
70℃の湯を5ℓ、ポリ容器に入れる
電気毛布で容器をくるみ、湯温60℃を24時間保つ
濾過
ザル・さらしでこす
ホップ18gを加えて、20分間煮沸する
麦汁となった。
再度濾過して放冷する
水を加えて濃度調整
発酵タンク
パン酵母を大さじ1ぱい加え、かきまぜ4〜6日発酵させる。
これで自家製生ビールのできあがりー!!
麦のジュースの甘い香りがいい。
ビンづめにして冷やして飲むもよし、出来たてを大勢でワイワイ飲るもよし
農文協刊「趣味の酒つくり」を参考にさせていただきました。

ドブロクつくり――あなたの疑問不安に答えます

（質問）本（『ドブロクをつくろう』）に書いてあるとおりの量で仕込んだのですが、米ばかりで水が見えなくなったが、これで大丈夫でしょうか？

たしかに最初はビックリするんです。仕込んで三～四時間すると、蒸した米が水分を吸ってふくれあがり、上のほうに浮きあがっただけです。下のほうには水がありますから、心配しなくてけっこうです。

温度にもよりますが、だいたい三日もするとおさまってきます。最初とは逆に、米の上に水がのった状態になります。そのころになると、ブクブクと発酵が始まってきます。

（質問）本にはブクブク発酵する……と書いてありますが、うちのはブクブクが弱いようで、うまくいっているのか心配です。

「ブクブクとわく」という表現がよくないんだね。なかにはお湯がわくみたいに、ブクブク沸騰する状態を想像してしまうんですね。強烈にわいたときには、外に音がもれるほどすごいこともあるけれど、ふつうのばあいは、泡がプクップクッと浮きたってくるていどです。ブクブクが弱いからといって、そう心配することはありません。

それよりも、味見をしてみるといいと思います。プクップクッが始まったら甘くなければいけません。のんでみて甘くなっていれば、うまくいっていると判断してけっこうだと思います。

ただ仕込んでから一週間たってもプクリともわいてこないというのでは困ります。もっともイーストを使うと、そんな失敗はないと思います。そんなときは、こうじの質がどうだったか、人肌にさましてからこうじを混ぜたか、などの手順も点検してみる必要があります。

（質問）仕込んで五日目ですが、酸っぱくなってしまいました。酢になったのではないかと心配しています。大丈夫でしょうか。

鼻にツーンとくる酢のような酸っぱさだと大変ですが、のんでみて酸っぱ味があるていどなら心配ありません。これは乳酸菌が繁殖して乳酸ができたからです。本当のドブロクというのは、乳酸菌がつくった多少の酸っぱ味が残っているものなのです。

ちょっと酸っぱ味が出てきたかな、というあたりから、アルコールの香りがプーンとしだせばいい。うまくいけば、仕込んでから五～七日というあたりでしょうか。

（質問）いつまでも甘味が消えてくれません。このままにしておいて、酒に仕上がるのでしょうか。打つ手があれば教えてください。

もとをつくらずに仕込んだときに多い失敗ですね。米こうじにも糖をアルコールにかえる酵母菌が入っているのですが、その力が弱いために、甘酒はできたものの酒になれないでいるのです。

こんなときは、ドライイーストを加えることです。そのままにしておくと、酢酸菌が暴れ始めて酸っぱくなってしまいます。そのほかにも、産膜酵母が出てきてシンナー臭のある酒になってしまいます。

（質問）長く保存したいのですが、酸っぱくならない方法があったら教えてください。

火入れしておけば一番安全です。深鍋に水を入れて、一升ビンなどに入れたドブロクを入れ、加熱していきます。ビンの中には温度計をさしこんでおいて、中のドブロクの温度が六〇度になったところで引き上げて殺菌完了です。

誰にもできる ドブロク ワイン ビール

新屋楽山
笹野好太郎

イーストとヨーグルトを使ってドブロクをつくる

酒つくりはだれでもできる

酒つくりの仕組みは二段階からできている。まずデンプンを糖にかえる段階（こうじや麦芽などの糖化酵素による）と、糖をアルコールにかえる段階（酵母＝イーストによる）とから成り立っている。ただブドウのような糖分の多い果実は、酵母菌さえあれば第二段階から発酵が始まる。

ドブロクは、簡単にいえば蒸し米と米こうじを混ぜ、水を加えておくだけでつくれる。しかし、これだけでは雑菌が繁殖して、なかなか味のよいドブロクはできない。

美味いドブロクを上手につくるには、もと（酒母、酛）つくりが必要になる。もととは酒の素という意味で、乳酸菌と酵母菌を培養したものである。もとつくりの意味は、乳酸菌をふやすところにある。乳酸菌を培養して乳酸をつくると、その酸により雑菌の繁殖が抑えられる。ところが酵母菌は乳酸に強いので繁殖できる。つまり、雑菌を抑えつつ酵母菌をふやし、一気にアルコール発酵をさせようということである。

もとつくりが美味いドブロクの決め手

これをもっと簡単に確実にやる方法がある。乳酸か乳酸菌を加えればよいのだ。薬局で売っている乳酸か食品添加物用の乳酸を加えればよい。しかし、「薬品の乳酸を加えるのは手づくり食品としては好ましくない」とお考えの方は、市販のブルガリアヨーグルトを加えればよい。これは生きた乳酸菌のかたまりであり、自然食品の考え方にも合うだろう。

さて、それではドブロクつくりにとりかかろう。用意する材料は次のとおりだ。これで九升分のドブロクができる。

もとつくりの材料

- 白米　一升
- こうじ　一升
- お湯（六〇度）　一升
- ブルガリアヨーグルト茶さじ一杯
- ドライイースト　茶さじ一杯

本仕込みの材料

- 白米　二升
- こうじ　一升
- 水　三升

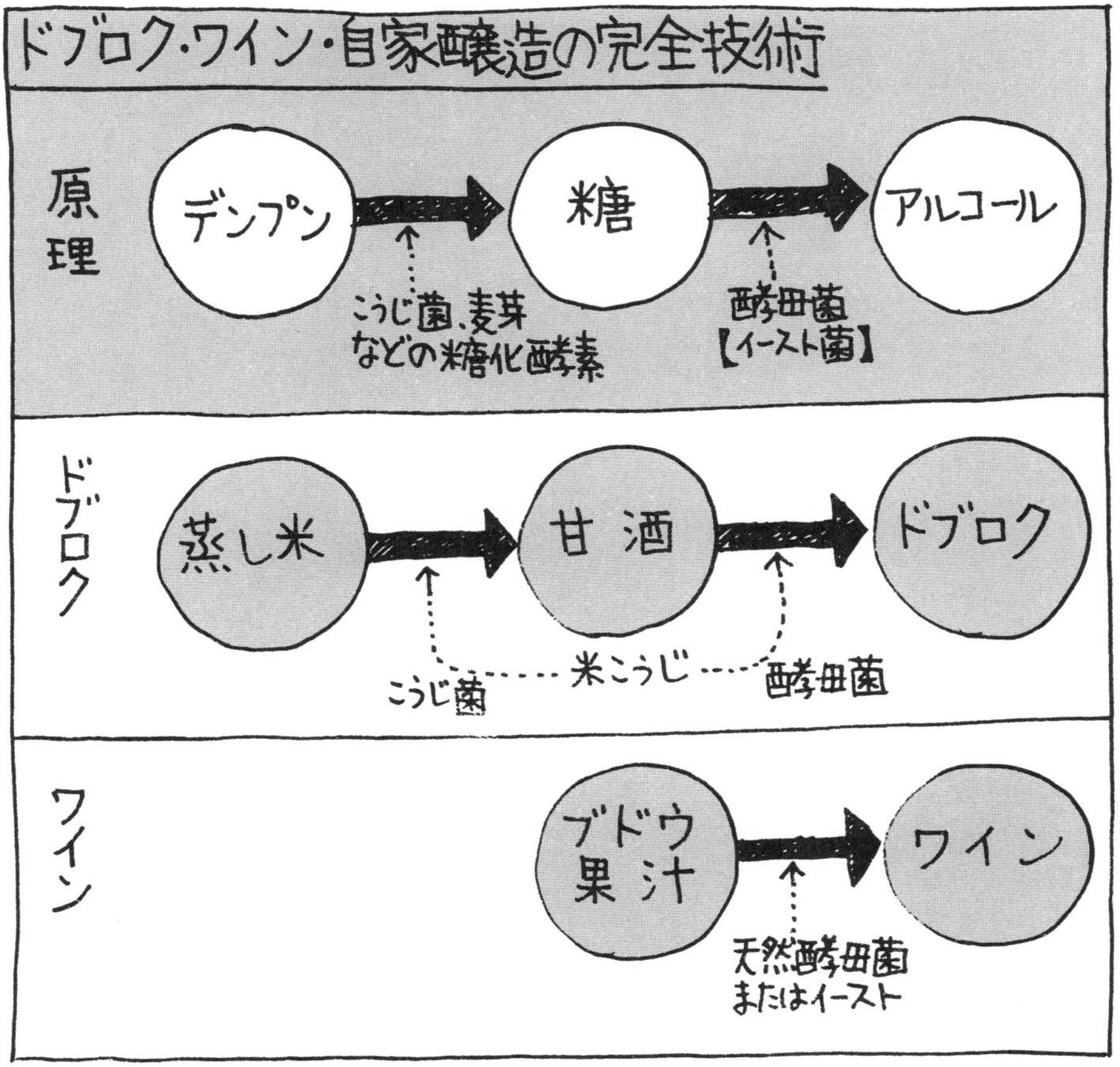
ドブロク・ワイン・自家醸造の完全技術
原理
デンプン
糖
アルコール
こうじ菌、麦芽
などの糖化酵素
酵母菌
【イースト菌】
ドブロク
蒸し米
甘酒
ドブロク
こうじ菌
米こうじ
酵母菌
ワイン
ブドウ
果汁
ワイン
天然酵母菌
またはイースト

まず、もとつくりである。一晩水に浸しておいた白米一升を蒸し器で蒸す。これが人肌に冷めたらこうじ一升を加えてよくかき混ぜる。さらに六〇度くらいのお湯を加え、ブルガリアヨーグルトを茶さじ一杯ほど加える。これを四〇度くらいで一昼夜おくと酸味が出てくる。乳酸菌が繁殖してきたからである。

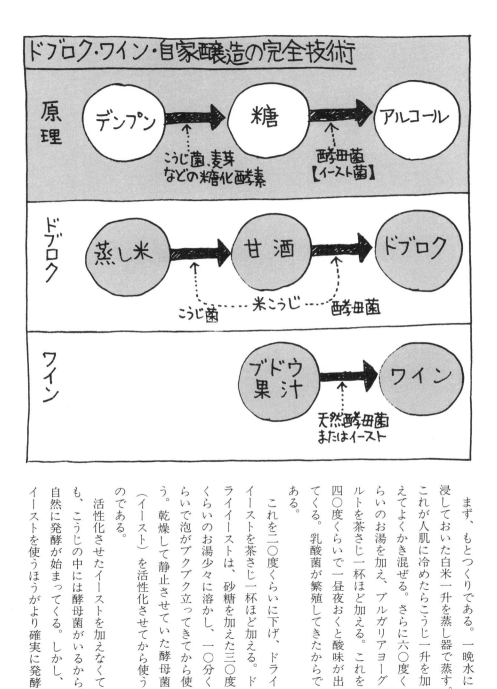

これを二〇度くらいに下げ、ドライイーストを茶さじ一杯ほど加える。ドライイーストは、砂糖を加えた三〇度くらいのお湯少々に溶かし、一〇分くらいで泡がブクブク立ってきてから使う。乾燥して静止させていた酵母菌（イースト）を活性化させてから使うのである。

活性化させたイーストを加えなくても、こうじの中には酵母菌がいるから、自然に発酵が始まってくる。しかし、イーストを使うほうがより確実に発酵が進むので、初心者はイーストの力を借りるとよい。

盛んにブクブクと発酵しているが、二〜三日でこれがおさまってくれればもとは完成である。

甘味が消えれば ドブロクは完成

もとが完成すれば本仕込みにかかる。まず、一晩水に浸しておいた白米を蒸す。人肌ほどの温度に冷めたらこうじ一升を加えてよくかき混ぜる。これをもとに加えていき、さらに水を三升加える。

これを冷暗所に置いて一日一回かき混ぜ、ガス抜きをし、発酵の均一化をはかる。温度は一五〜二〇度くらいがつくりやすいが、もとががんがん沸いていれば温度は低いほどよいものができる。

仕込みに使う容器は、カメやフタつきのポリバケツなどがよい。ゴミやショウジョウバエなどが入らないようにフタをしておくが、密閉しないでガスが抜けるようにしておく。

発酵がおさまり、甘味が消えて辛くなってくれば完成である。


（笹野好太郎）

イーストを使わず 市販酒カスで、もとをつくる

イーストを使わずに酒のもとをつくる方法はないものかとお考えの方もおありでしょう。じつは、「市販の酒カスから本格的酒精酵母をとる方法」があるのです。

この方法だと、造り酒屋が使う酵母が手軽に培養でき、保存もできるのです。

市販の酒カスにはたくさんの酒精酵母が含まれておりますので、それを培養してもとにしようというわけであります。

早ければ一〇日、ふつう二〇日で もとはできあがる

もととは酵母菌の培養液のことです。

【必要な材料・器具】
①水（汲み水） 二四〇cc
②こうじ 一〇〇グラム
③蒸し米 一〇〇グラム
④酒カス 五〇グラム
⑤水（汲み水） 五〇cc
⑥乳酸（七五%のもの） 二cc
＊薬局で少量売ってもらう
⑦フラスコ（一リットル）一〜二本

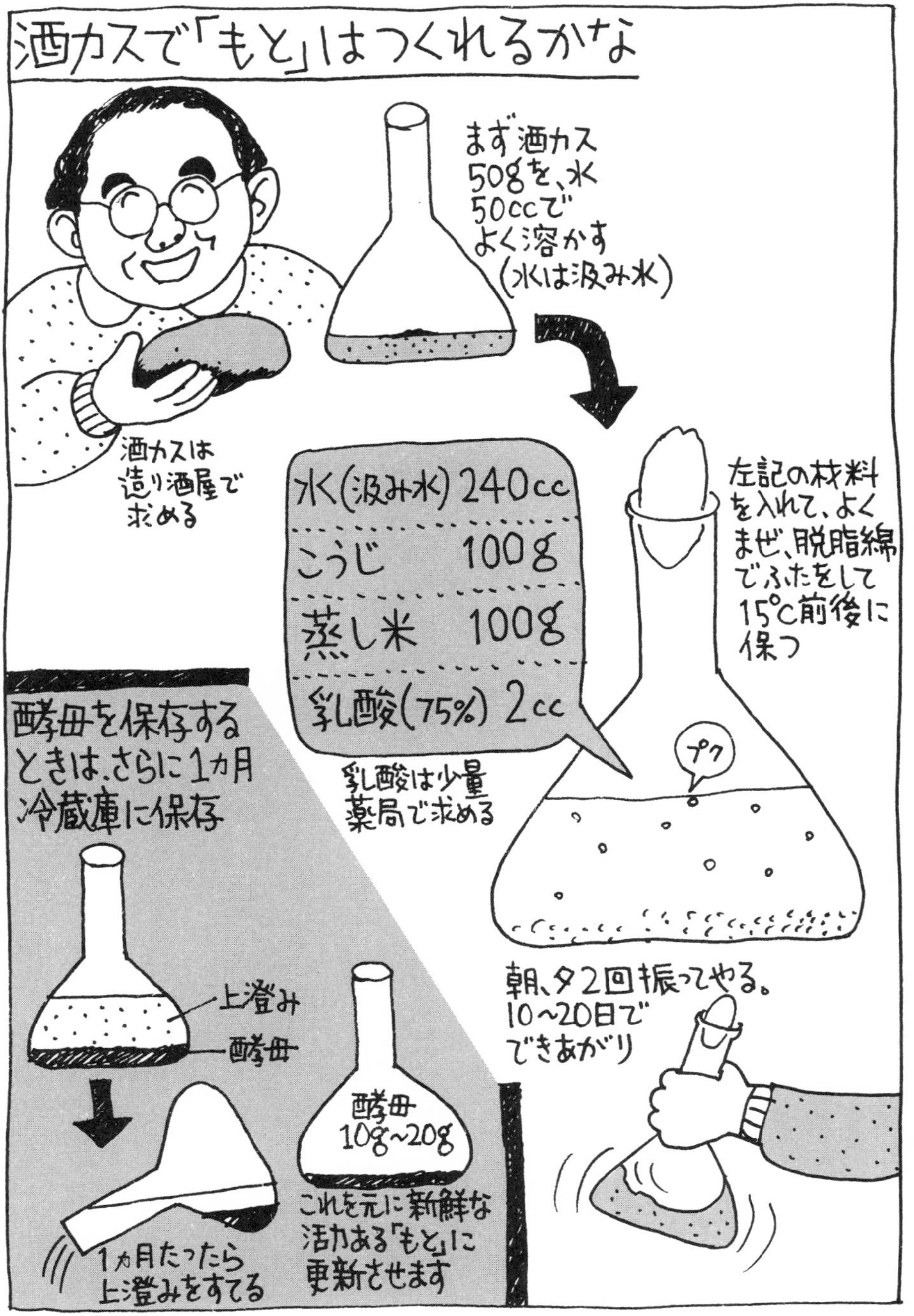
酒カスで「もと」はつくれるかな
まず酒カス50gを、水50ccでよく溶かす(水は汲み水)
酒カスは造り酒屋で求める
水(汲み水) 240cc
こうじ 100g
蒸し米 100g
乳酸(75%) 2cc
乳酸は少量薬局で求める
左記の材料を入れて、よくまぜ、脱脂綿でふたをして15°C前後に保つ
プク
朝、夕2回振ってやる。10〜20日でできあがり
酵母を保存するときは、さらに1カ月冷蔵庫に保存
上澄み
酵母
1カ月たったら上澄みをすてる
酵母10g〜20g
これを元に新鮮な活力ある「もと」に更新させます

＊医療器具店で売られている
⑧脱脂綿　少々

材料のうち、蒸し米とこうじは原料、つまりお米の重さですから、実際に使うときの重さは、蒸し米一三〇グラム、こうじ一二〇グラムていどになります。酒カスは、造り酒屋のものがよいでしょう。なければ板カスでもけっこうです。冷蔵庫の中で保存しておきます。

さて、材料がそろいましたらもとつくりに入りましょう。

フラスコをよく洗い、その中に①から⑥までの材料を順番に入れ、そのたびごとによく振ります。⑤の水五〇ccはあらかじめ酒カスに加えて溶かしておくためのものです。

全部の材料がよく混じりあったら、フラスコに綿栓をして一五度ていどに保ち、朝夕二回ほど振ってやります。

数日して盛んに泡だちしてきたらしめたものです。早ければ一〇日、ふつう二〇日くらいでもとができあがります。すぐ使わないときは、冷蔵庫の中で保管できます。

もとを代々保存したいときは？

フラスコ二本でもとつくりを行なえば、一本を使って残りの一本でもとの更新ができます。

もとを冷蔵庫の中に入れて一カ月もすると、上澄液と沈殿物に分離します。上澄液の中には酵母がいないため捨てて、沈殿物を一〇〜二〇グラムとり出します。それを酵母源として、新鮮で活力のあるもとに更新します。

【もと更新のときの材料】

水（汲み水）　二四〇cc
こうじ　一〇〇グラム
蒸し米　一〇〇グラム
沈殿物（酵母源）　一〇〜二〇グラム
乳酸（七五％）　約二cc

もとつくりと同様の操作を行ないます。乳酸を添加した場合、もとのpHは二ていどになっています。

こうして一カ月ごとにもとを更新しておけば、所望の時期に、ドブロクでも三段仕込みでも安心して仕込めます。

（新屋楽山）

元酒屋のオヤジが明かす
旨い、強い、最高のドブロクつくり

ドブロクつくりの失敗を防ぐには

簡単に言えば「失敗」とは「うまく発酵しない・酸っぱくなった」ことであり、「成功」とは「よく発酵して、酒精度、つまりアルコール度が高くてうまい」ということになります。そこでウッカリ失敗しがちな場面とその留意点の解説をしてみます。

ドブロクつくりは、米とこうじと酵母を混ぜあわせてもろみをつくれば仕込み完了。失敗の大部分は仕込んだもろみの発酵のさせ方が下手なために起こります。そこで――

❖もろみの温度を高くしない

もろみの温度が高いと、酸味が出たり、腐敗したりすることがあります。一八度程度にコントロールするとよいでしょう。夏季の仕込みでは、この品温調節がとくに必要です。容器にフタをして、井戸水をかけっぱなしにするのもよいでしょう。

❖もろみを弱酸性に保つ

酵母は弱酸性を好み、雑菌は酸性を嫌います。乳酸とpH試験紙を準備して、もろみをpH五程度に調節すれば安全に発酵するでしょう。pH試験紙をもろみにつけて色で酸度を確かめながら、少しずつ乳酸を加えていきます。五以下にpHが下がり過ぎたら「炭酸カルシウム」で中和します。

❖もろみの米粒は潰さないように

「カイでつぶすな、こうじで溶かせ」と申します。日本酒はデンプンの粒子からなる米粒があるからこそできるのです。米が粒状であることにより、「併行複式酵母」なる日本酒独特の醸造が可能なのです。

かき混ぜすぎて糊状になるとデンプンの糖化が阻害され、酵母菌の活動にも悪影響を及ぼします《糖化が一挙に進み、もろみの糖濃度が高くなりすぎても酵母菌は圧迫されます》。したがって発酵状態が悪くなります。

❖もろみ容器は清潔な部屋に置く

不潔で湿気の多い部屋には、当然空気中の雑菌も多く、これがもろみの中に飛び込んで腐造（酸っぱくなる）の

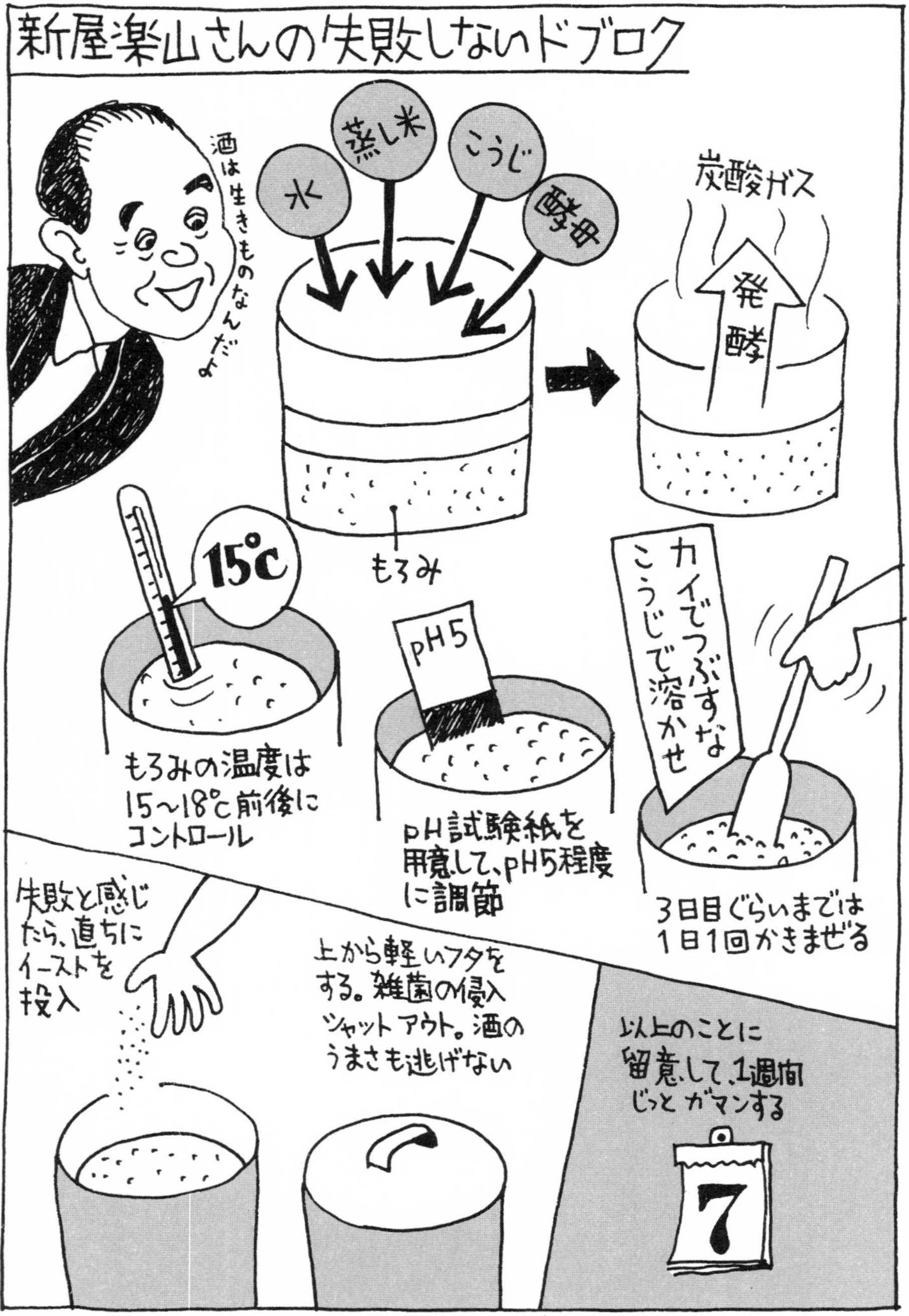
新屋楽山さんの失敗しないドブロク
酒は生きものなんだよ
水
蒸し米
こうじ
酵母
炭酸ガス
発酵
もろみ
15℃
もろみの温度は15〜18℃前後にコントロール
pH5
pH試験紙を用意して、pH5程度に調節
カイでつぶすな
こうじで溶かせ
3日目ぐらいまでは1日1回かきまぜる
失敗と感じたら、直ちにイーストを投入
上から軽いフタをする。雑菌の侵入シャットアウト。酒のうまさも逃げない
以上のことに留意して、1週間じっとガマンする
7

原因となります。容器や器具は清潔に洗っても、案外置き場所には無関心なものです。もちろん、部屋に出入りする人間の手足や衣服も清潔でなければなりません。

❖もろみへの空気(酸素)の入れぐあい

もろみ中の酵母菌は、仕込み直後は仕込み水の中の酸素(溶存酸素)を消費してどんどん増殖し、溶存酸素がなくなると糖分を消費してアルコールをつくります。したがって、仕込んだ日から三日目ぐらいまでは、一日一回、米粒を潰さないように慎重に混ぜてやります。

腕を肩から手先までよく洗って、軽く手で混ぜるのもよいでしょう。発酵が旺盛になったら、酸素を与える必要はありません。

❖もろみ容器には必ず清潔で軽いフタを

軽いフタをすることで、容器内に炭酸ガスの圧力がわずかにかかり、好気性有害菌の外部からの侵入が防げます。生成したアルコールや香気の散逸も少なくなります。

❖失敗したと感じたら直ちに「イースト」投入

仕込み後五日たっても発酵が旺盛にならなかったら、失敗の前兆です。「イースト」(市販のパン用酵母)を投入して軽く混ぜてようすをみます。毎日軽くかき混ぜて、一週間後くらいには味をきいて処置します。

基本は「一こうじ、二もと、三もろみ」

ドブロクつくりの留意点を申しのべましたが、今一度ドブロクつくりの基本を振り返ってみましょう。わが国の酒つくりでは「一こうじ、二もと、三もろみ」と申します。

❖こうじについて

店頭販売のこうじは保存の関係で酵素力が落ちやすい。どうしても強力なこうじが欲しければ自分でつくることです。今日では小型の製麹機が市販されていますので、これを利用するのもよいでしょう。

❖もとについて

もとは酵母菌の培養液ですから、これなくしては酒はできません。

もとつくりは「高温速醸もと方式」によるのが安全だと思います。これとても「清酒酵母」の準備は必要です。万一、やむを得ない場合としてパン用の「イースト菌」を使用するわけです。「清酒酵母の準備」、「もとつくり」については六四ページに紹介しました。

❖もろみについて

健全なもと、強力なこうじ、よい蒸し米（ご飯を使用する方がありますが、これは絶対にいけません）、とよい水が必要です。温度管理も大切です。摂氏一五～一八度に保ちたいものです。発酵が完了したら冷蔵します。

ドブロクはアルコール度も低く、長持ちさせる酒ではありません。長く置けばもっとよくなると欲張るとかえって味が落ちます。清酒の場合は発酵が終わったら直ちに搾汁して酒カスを除きます。

世界に誇る日本の三段仕込み（併行複式発酵方式）

「酒つくり」の発酵方式について考えてみましょう。

（1）単発酵方式＝ワイン、ビール、蒸留酒（ウイスキー類）

（2）併行複式発酵方式＝日本酒

（3）連続発酵方式＝工業用アルコール、原料用酒精

に大別されます。

これまでにドブロクつくりでの失敗を少なくするための要領を書き並べてきましたが、ここで「お酒」（酒精・アルコール）はどうしてできるのかをおさらいしてみましょう。

❖ワインを生みだす単発酵方式

「酵母菌（イースト）」なる微生物が糖分を食糧として消費します。排せつ物としてアルコールと炭酸ガスを生じ、生活活動による少量の発熱があります。簡単に言えば糖液（もろみ）の中に酵母菌がいれば酒ができるわけです。

ワイン（ブドウ酒）ができるのはこの原理によります。ビール、ウイスキーなど穀類を原料とするものは、麦芽（もやし）などでデンプンを糖化して糖液をつくり、これに酵母を接種し酒精（アルコール）発酵を行ないます。ビールでは炭酸ガスを逃がさないため低温で発酵させ、ウイスキーでは蒸留してアルコール濃度を高くします。いずれにしても単純に糖液がアルコールに変化するだけですから単発酵方式と称します。

糖分が発酵するとその約半分が酒精としてもろみの中に残り、半分が炭酸ガスとなってにげます。そこでもろみのアルコール濃度を高くしようと思って最初からもろみの糖濃度を高くする

と、酵母菌は活動を阻害されます（これを「濃糖圧迫」と申します）。またアルコール濃度があまり高くなると、酵母菌は自分のつくったアルコールのためにまた活動を阻害されてしまいます（これを「酒精圧迫」と申しておきましょう）。

そこで「ブドウ酒」をつくるときアルコール分を高くするためにはもろみ中の果汁の糖濃度が下がるにつれて、逐次砂糖を補給して発酵させ酒精分の多い「ブドウ酒」とします。これが「補糖」作業です。

ところがわが大和民族は「濃糖圧迫」と「酒精圧迫」を避けつつ、アルコール分の高い酒、もろみをつくる技術を開発しました。これが併行複式発酵方式です。

※日本酒のアルコール度を高めた併行複式発酵方式

蒸し米を水に投入しただけでは酒になりません。そこで、「こうじ」と「もと」なるものを開発しました。四季の変化がある日本列島では、さまざまな温度、湿度の組み合わせがあり、空中には無数の種類の細菌が存在します。

その中からデンプンの糖化力を持つ酵素を生産するこうじ菌を捕まえてこうじをつくり、糖分を酒精にかえる酵母菌を捕まえてもとをつくることを知りました。大変な観察力と技術です。サアア！　こうじともとがあれば、ブドウや砂糖がなくてもデンプンをたくさん含んでいる米（麦）などを使って酒ができることになりました。

デンプンを殺菌して消化されやすくするために米（麦）を蒸し米（麦）とし、仕込み水に投入してこうじを加え、もとを添加します。

米のデンプンはこうじの酵素によって徐々に糖化され、もとによって添加された酵母菌はどんどん増殖してきます。もろみの溶存酸素もどんどん消費されます。もろみ中の酵母がある程度の量に達し、酸素も不足状態に近くなると、酵母は増殖を控え、米から溶出してくる糖分を逐次消費してアルコールに変えていきます。だから酵母菌は濃糖圧迫や酒精圧迫を受けることはありません。糖化とアルコール化が併行して順調に行なわれます。ドブロクはこの原理でできるのです。

しかしながら、これではもろみのアルコール濃度を一九～二〇％にもすることはできません。なぜならばアルコール二〇％にも相当する蒸し米を仕込み水の中に一挙に投入すると、もろみが固くなって糖化酵素も酵母も身動きできなくなります。そこで丈夫なもと

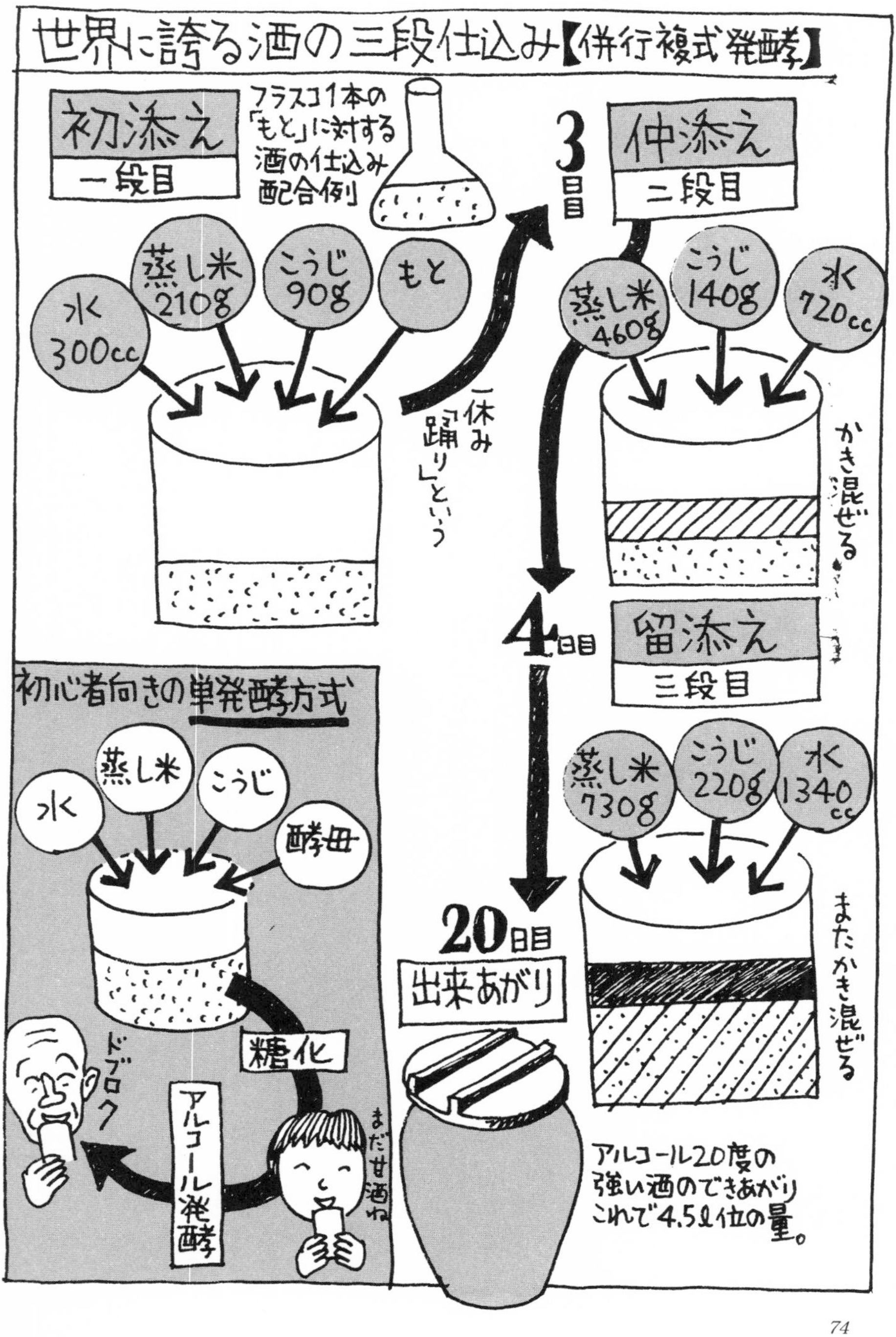
世界に誇る酒の三段仕込み【併行複式発酵】
初添え
一段目
フラスコ1本の「もと」に対する酒の仕込み配合例
水 300cc
蒸し米 210g
こうじ 90g
もと
3日目
一休み「踊り」という
仲添え
二段目
蒸し米 460g
こうじ 140g
水 720cc
かき混ぜる
4日目
留添え
三段目
蒸し米 730g
こうじ 220g
水 1340cc
またかき混ぜる
20日目
出来あがり
アルコール20度の強い酒のできあがり これで4.5ℓ位の量。
初心者向きの単発酵方式
水
蒸し米
こうじ
酵母
糖化
アルコール発酵
ドブロク
まだ甘酒ね

をつくり、これに何回にも分けて、蒸し米、こうじ、水を加えていきます。通常三回に分けて行なうので清酒の三段仕込みと呼びます。

もとができ上がると、これに蒸し米、こうじ、水を加えます。この工程を「仕込み」または「添え」と言います。もとに対し、最初に行なう「添え」が「初添え」で、翌日は「添え」を休み、もとの清酒酵母の増殖を計ります。酒造用語ではこの休みを「踊り」と称します。二度目の「添え」は「初添え」の日から数えて三日目で、「仲添え」と呼ばれ、最後の「添え」は「仲添え」の翌日で、「初添え」から四日目に行なわれ「留添え」と言えます。こうして、もろみのでき上がり量はもとの一五倍程度となります。もろみの中では、糖化とアルコール化が併行して約二〇日間続行します。

この三段仕込みこそ日本の清酒が世界に誇る併行複式発酵です。

※添加用アルコールをつくる連続発酵方式

さて世はまさに大量生産、自動化生産の時代です。アルコールの製造も自動化され連続化されております。工業用アルコール、添加用アルコールの分野においてはすでに実施されておりますので、原理的に説明してみます。もちろん、本物の「ブドウ酒」や「ウイスキー」が量産されているわけではありません。

糖蜜、木材糖化液、パルプ廃液などを発酵させたアルコールもろみを巨大な連続式蒸留機に送り込み、アルコール分九五〜九六%のアルコールを連続的に製造する方法は、わが国でも戦前から実施されていました。

しかしながらもろみは発酵タンク(もろみ桶)ごとに発酵の完了を待って蒸留機に送り込む方法ですから、昼夜連続運転するためには蒸留機の能力に合わせた巨大なタンクを一〇基、二〇基も必要としました。

そこで、糖液をパイプで発酵装置の片側から送り込み、装置の他方からアルコールもろみとなった液を取り出し、これを連続して蒸留機に送り込む方法が開発され、今日ではすでに工業化されております。この発酵工程を、連続醸造または連続発酵と称します。清酒に関してもこれに準じて連続醸造方法を研究中です。

エネルギー対策として、イナワラ、トウモロコシの芯、木材などを原料として連続的にアルコールを製造する方法が、国家プロジェクトとして取り組まれております。しかしながらこの国家プロジェクトも神様のつくられた酵母、酵素のおかげから完全に脱出したわけではありません。

砂糖と酵母があれば、皆さんも連続醸造を楽しむことができます。実行してみませんか！

ワインをつくる

（新屋楽山）

ワインはブドウの品種選びから

ワインは、どんなブドウからでもつくれるが、品質のよいものをつくるには品種を選ぶ必要がある。ブドウの品種は、大きく分けるとヨーロッパ系とアメリカ系、それを交配した間性種の三つの系統がある。アメリカ系ブドウにはフォックス臭（フォックス博士が発見）という独特の臭いがあり、これがあるとワインとしては失格になる。

しかし、日本ではヨーロッパ系ブドウをつくるのはむずかしく、甲州以外はほとんど栽培されていないので、間性種のベリーA、巨峰などを使うのもよい。赤ブドウ酒をつくるならベリーAが比較的よいものができる。ホビー（趣味）としてのワインつくりだから、そんなかたいことはいわなくてもよいというならば、アメリカ系ブドウのキャンベル、デラウエア、コンコード、ナイアガラなどを使ってもよい。

フォックス臭といっても、一流の品質を競う場合の話である。国産の二〇〇〇円くらいのワインは廃糖蜜アルコールを加えて増量しているから、アメリカ系ブドウの手づくりの純粋ワインのほうが品質的にはよいものができる。臭いは好みの問題であり、それほど気にしなくてもよい。本格的な高級ワインに挑戦したいという方には、ヨーロッパ系や間性種のブドウを使うことをおすすめしたいということである。

まずつくりたいワインを計画

ワインつくりは、まず赤ワインをつくるのか、それとも白ワインか、紅ワイン（ロゼワイン＝ピンク色）かの計画から始まる。赤ワインの条件は、赤色があるとともに渋味があり、甘味が完全になくなっていることである。白ワインの条件は、淡黄色で赤い色が完全になく、渋味もあってはならない。甘味は多少あってもよい。紅ワインはその中間である。

ワインの色は、品種と仕込み方によって決まる。赤ワインは、果皮の黒いブドウを皮ごと仕込んで色をしみ出させてつくる。しかし黒ブドウでも、圧

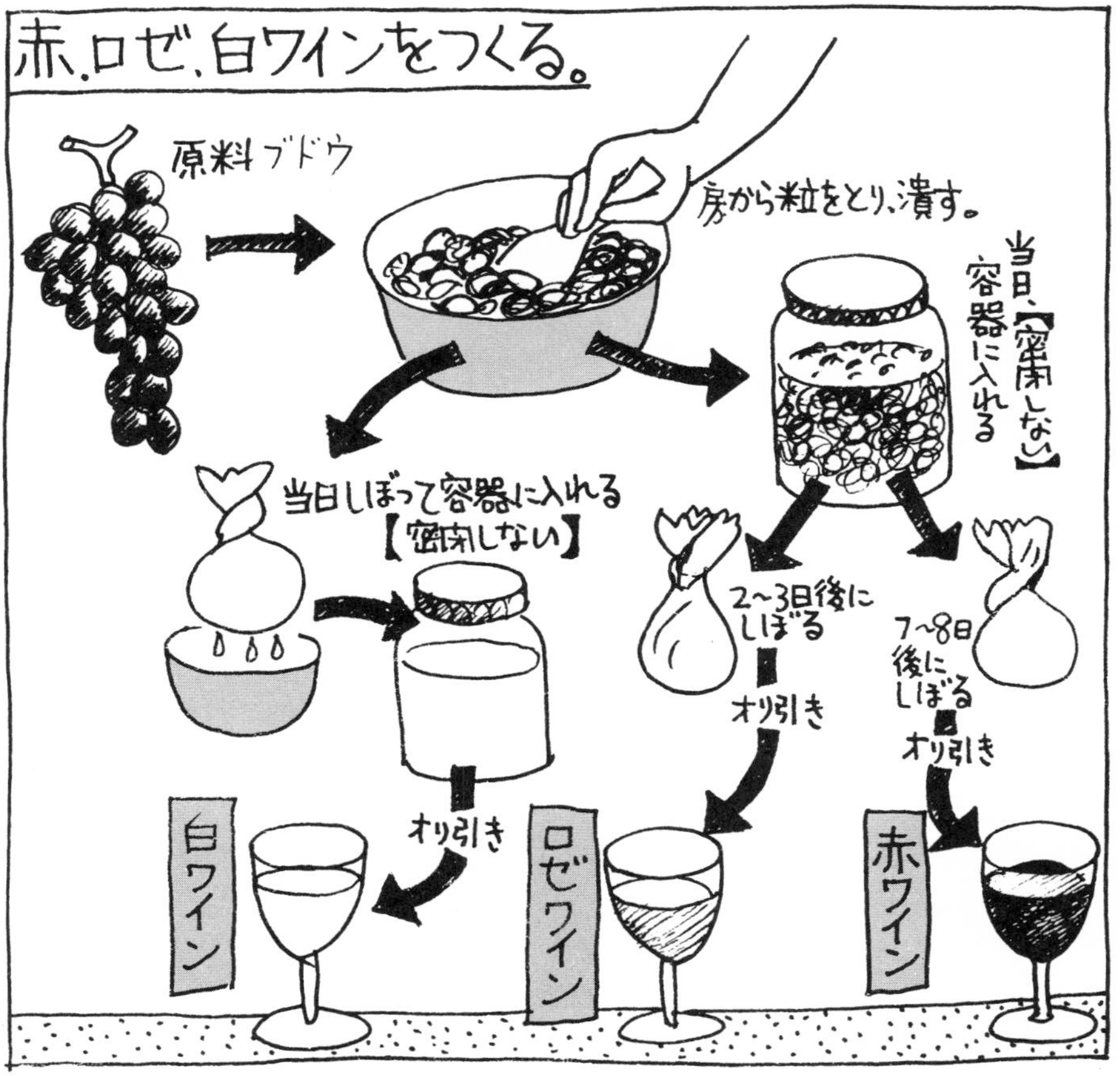
赤、ロゼ、白ワインをつくる。
原料ブドウ
房から粒をとり、潰す。
当日、【密閉しない】容器に入れる
当日しぼって容器に入れる【密閉しない】
2〜3日後にしぼる
7〜8日後にしぼる
オリ引き
オリ引き
オリ引き
白ワイン
ロゼワイン
赤ワイン

搾した果汁だけを仕込めば白ワインができる。紅ワインは、赤ワインと同じように皮ごと仕込むが、仕込み後二〜三日でしぼり、果汁を発酵させるので、ピンク色のワインとなる。

　ワインのアルコール度数は一二〜一三度がよい。七〜八度では保存がむずかしいからだ。一二〜一三度のワインをつくるには、糖度二四度のブドウが必要になる。完全発酵した場合のアルコール度数は、糖度の半分の数字になるからだ。しかし、日本のブドウの糖度はだいたい一六〜一八度だから、砂糖を加えて糖度を上げる必要がある。

　たとえば、糖度一六度のブドウを四キロ使うとしよう。目標の糖度二四度には足りない。糖度は重量%なので、八度上げるにはブドウの重さの八%の砂糖を加えればよい。四〇〇〇グラム×〇・〇八だから、三二〇グラムの砂糖を加えればよい。

目的に合わせて仕込み方をかえる

どのようなワインをつくるか決まれば仕込みにかかる。

まずブドウをよく水洗いしながら、果梗から粒をはずす。果皮についている天然の酵母菌も落ちるが、ドライイーストを使うので心配はない。水洗いしたらブドウの重さを量り、もしできるなら糖度計で糖度を測定しておく。糖度を調べられない場合は、だいたい一六〜一八度とみなせばよい。

次にタネが潰れない程度に潰す。白ワインの場合はここでしぼり、果汁だけで発酵させる。手順は以下同じ。これに前記の要領で必要量の砂糖を加える。そしてブドウ一キロに対してドライイースト茶さじ一杯分を活性化させて加える。活性化のさせ方は、ドブロ

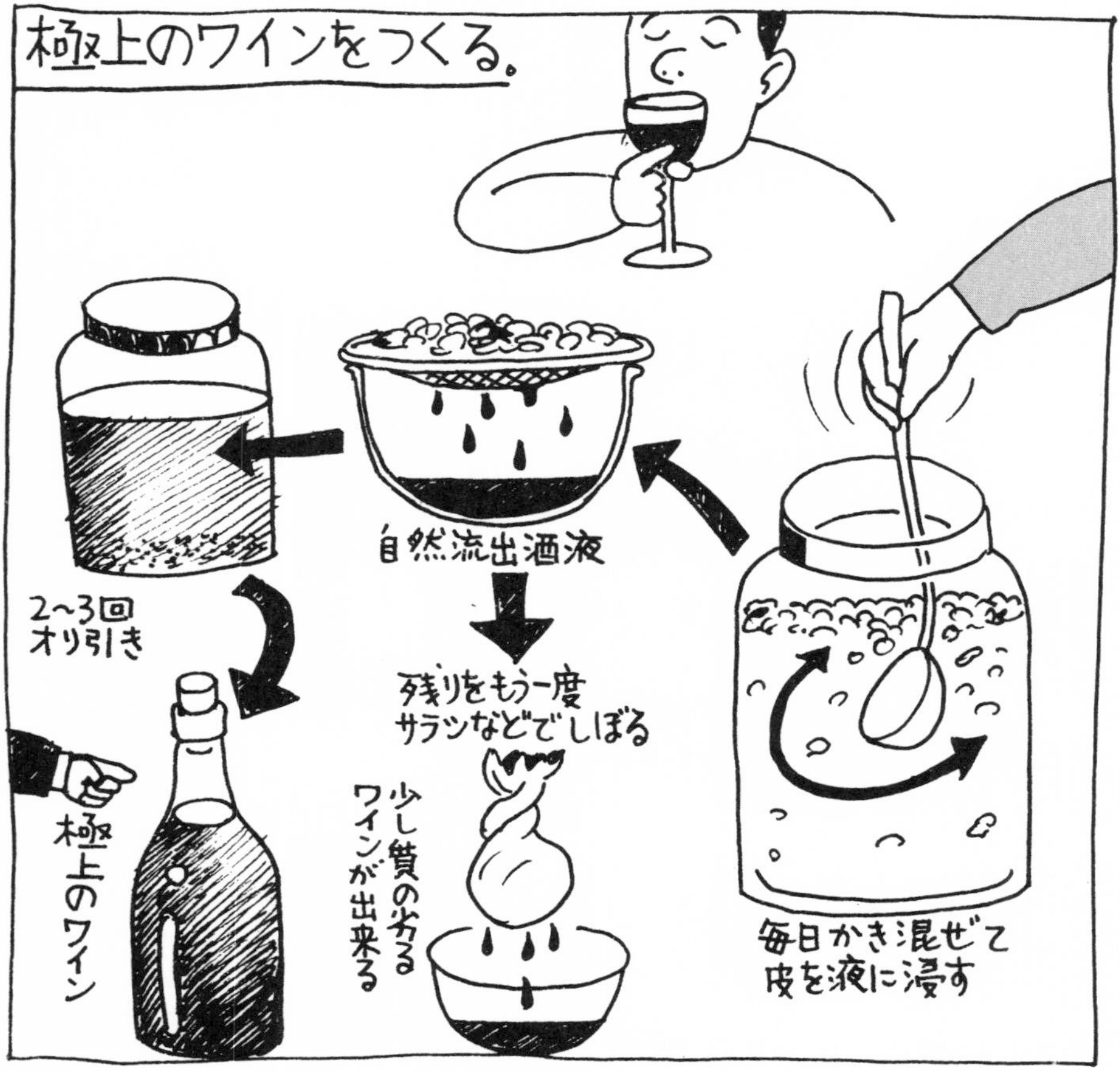
極上のワインをつくる。
毎日かき混ぜて
皮を液に浸す
自然流出酒液
残りをもう一度
サラシなどでしぼる
少し質の劣る
ワインが出来る
2~3回
オリ引き
極上のワイン

クの場合と同じ。

仕込む容器は梅酒用の広口ビンが手ごろで使いやすい。ショウジョウバエなどが入らぬようにフタは軽くしめ、ガスが抜けるようにしておく。一～二日で発酵が盛んになり、皮が上に浮き上がるので、毎日かき混ぜて皮を液に浸してやる。

仕込み後二～三日で果皮などをしぼってその液をさらに発酵させれば、ピンク色の紅ワインとなる。赤ワインは七～一〇日後にしぼると、果皮の赤い色がよくしみ出てくる。

しぼり方は、サランの網戸の網か、よく洗ったサラシ、またはナイロンストッキングでしぼる。一度にしぼってもよいが、品質のよいものをつくりたいなら、まずザルで果皮や種子などをとり除いた自然流出酒液を分離し、これは別に発酵・熟成させると品質のよいワインをつくることができる。

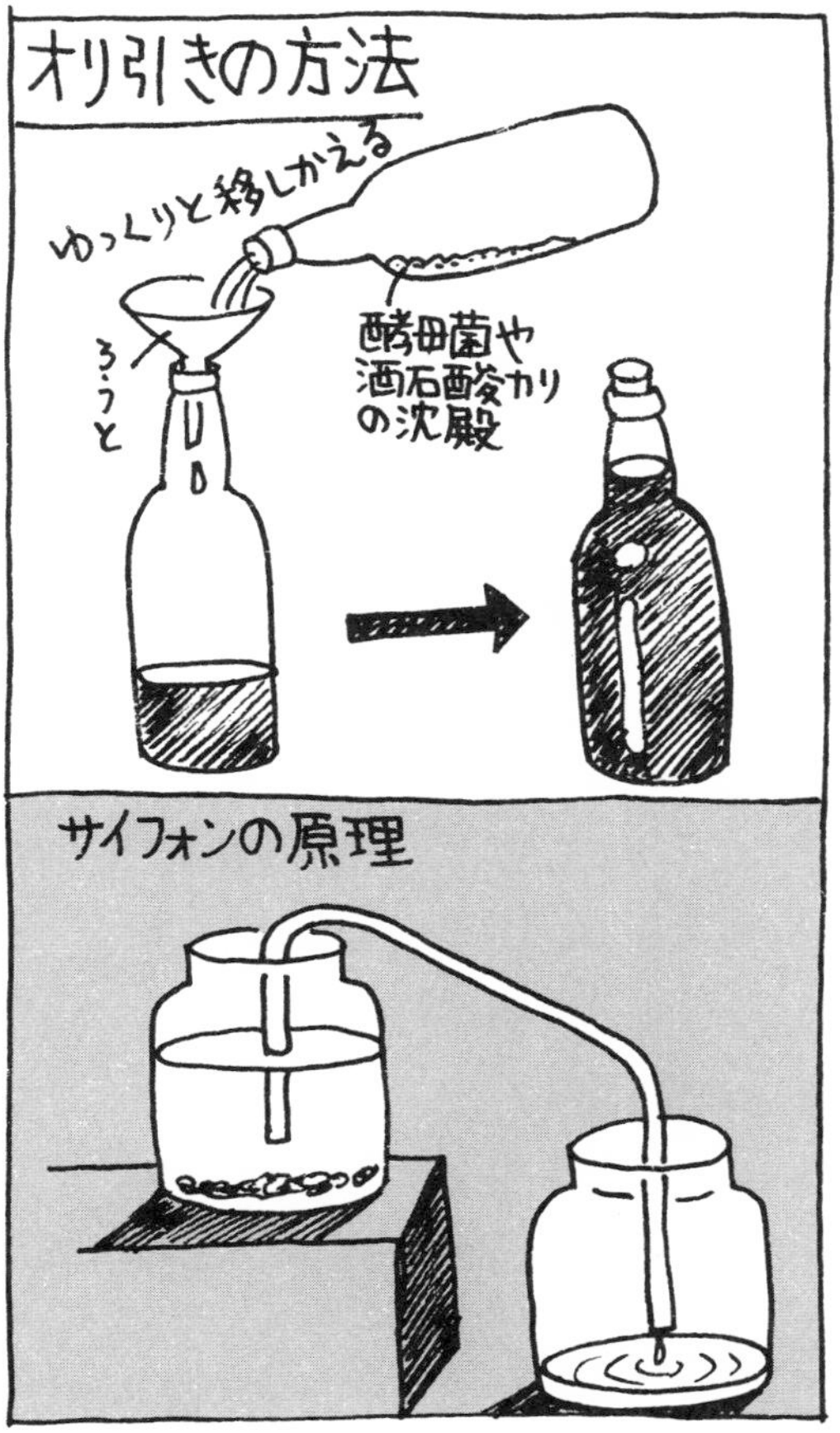

オリ引きの方法
ゆっくりと移しかえる
ろうと
酵母菌や酒石酸カリの沈殿
サイフォンの原理

オリ引き三回、みごとなワイン

しぼった発酵液は、口の狭いビンなどに移しかえてさらに発酵・熟成させる。口の狭いビンに移すのは、空気に触れる液面が少なくなり、酢酸菌などワインを変敗させる雑菌の繁殖が抑えられるからである。もう一つの理由として、オリ引きしやすいということもある。

澄んだ美しいワインをつくるには、オリ引きという操作が必要になる。オリとは、発酵が終わるとワイン中の酵母菌や酒石酸カリなどがビンの底に沈殿したものである。ビンに移しかえて一カ月もすれば、オリが沈んでワインが澄んでくるので、一回目のオリ引きをする。オリ引きとは、沈んだオリを動かさないようにし、静かに上澄液を別のビンに移しかえる操作である。

これを一カ月おきにさらに二回ほどやれば、美しく澄んだワインができる。一回目のオリ引きをした後は、ビンはコルク栓をしてもよい。早くオリ引きしたい場合は、冷蔵庫に入れておくとオリが早く降り、オリ引きを一回省略できる。

＊　＊

手づくりの酒は手前味噌であるべきだ。市販の酒の中身を知れば、比較する気にもなれないであろう。美味さもまずさも手づくり酒の楽しみの一つである。つくることに喜びがあり、意義があるのである。

（笹野好太郎）

手づくりビールに挑戦

「クワス原液」を使えば一日でできる

ものの本にはクワスとは「ソ連の主婦たちが黒パンからつくる、苦味のない軽いビールのもろみのような飲物」とある。

世の中には便利なものがあるものだ。ドブロク仲間の一人が、どこから手に入れたのか「ソ連産クワス原液」と書かれたビンを持ちこんできた。ごていねいに、ビンの上ブタには、図のようなラベルが張りつけられていて、わずか一日でクワスが完成すると書かれている。とりあえず、これで味を確かめてみることにした。

【つくる手順】　このクワス原液さえあれば、他は砂糖とパンイーストを準備するだけ。クワス五リットルをつくるには、三五～四〇度のお湯五リットルに原液をスプーン八～一〇杯分を溶かし、砂糖を一⅔カップ、イースト六～七グラムを加えて、三〇～三二度の暖かい場所に一八～二〇時間置くだけでできあがり。

とにかく簡単。初体験ということもあって、温度だけはキッチリと守ることにした。四月下旬といえば、夜はけっこう冷えこむ。そこで、発酵温度「三〇～三二度」を保つために、発泡スチロールの箱を用意し、熱めの湯を入れたポリタンクで保温することにした。寝る前に七〇～八〇度の熱湯を詰めたポリタンクをわきに入れる。あとはフタをして毛布で覆っただけだ。

翌朝フタをあけてみると、小さな水

このソ連産
クワス原液から本格的
クワス(5リットル)をつくる
には、本原液をスプーン8～10パ
イ、砂糖コップ$1\frac{2}{3}$杯、イースト6～7
グラムを35°C～40°Cの湯5リットルに
溶かし、30°C～32°Cの温かい場所に18時

ソ連産クワスの作り方

間～20時間安置する。冷やしてお召し上
がりください。またでき上ったクワス
は冷蔵庫で保存してください。
上記にクエン酸少量と炭酸を
使用しますと一層おいしく
いただけ
ます。

発泡スチロールにお湯の入ったポリタンクを入れて保温

泡がプツプツと沸いている。

その日の夜は、仲間に声をかけてさっそく試飲会だ。ようやく冷やしたクワスは濃褐色。色はいい。ところがアワはたたず、ビール特有のあのニガミもない!!

しかし——香りは市販のビールにはない新鮮さ。それに「味」がある。これまで、ビールに「味」など期待しなかったのに——。

少々酔いのまわった友人の一人は、

「ドブロクには、いろんな味があって、それぞれにウマイと思うじゃない。ビールはつまんないんだよなぁ。でも今日飲んだのは個性あるなぁ」

と微妙な誉めかたをしたのであった。

この「ソ連産クワス原液」の輸入元へ電話を入れてみたところ、残念なことに現在は輸入ストップだそうだ。酒税法かな……。

市販麦芽飲料でラガービールに挑む

このさい、もう一丁即席ものでいってみるか、と手に入れたのが「BS DRINK」という缶詰麦芽飲料。ドブロク仲間のあいだではひそかに話題にのぼっていたからである。
＊輸入発売元　エヌビージャパン株式会社
〈価格〉一缶四〇〇〇円　打栓器四五〇〇円　王冠一〇〇個九〇〇円　三点セットで送料込み一万円
【つくる手順】缶の中身は「モルトエキス、ホップエキス、バーレイシロップ」とある。一缶（九〇七グラム）で四〇リットルの麦芽飲料ができることになっている。

……しかし、酒税法の下で合法的に輸入・販売されているわけだから、指導どおりにつくったのでは、アルコール一%ギリギリのはず。とすれば、市販のビール並みの四〜五%にするには四倍の濃度にすればよかろう……。

というわけで、缶半分の原液を五リットルの水（人肌の湯）に溶いて、パン用イースト一〇グラムを加えてよくかき混ぜておいた。

陽当たりのいい縁側に置いておいたが発酵の勢いがよく、部屋中にアルコールの臭いが漂い、これにはまいった。女房には「ドブロクといい、ビールといい、もういいかげんにしてよ」と怒鳴られるが、こればっかりはやめられない。

七日目、発酵はおさまった。かき混ぜたときにプクンと小さな泡が出るていどのころ、ビールびんに詰めて熟成に入った。

ラベルの裏に印刷された標準のつくり方

B'sドリンクの作り方

1．まず、約2リットルの沸かし湯を入れた大きめの鍋に"B"1カンを入れてください。
2．鍋を火にかけ、こがさないように注意しながら、沸騰直前の状態を約5分間続けてください。
3．あらかじめ用意した醱酵容器(ポリバケツ等)に移し、最終的に40リットルになるように水を加え（容器にあらかじめ40リットルの所に目印をつけておけば便利です)、液温が18〜26℃になるようにしてください。
4．パン用イースト(20g)を液面に均等に振りかけます。蓋をして外部よりの雑菌の混入を防ぎます。醱酵時に出る炭酸ガスが排出できるよう蓋は多少ゆるめにしておきます。
5．液温を18〜26℃に保ち、この状態で約7〜10日間で泡立ちがおさまると醱酵は完了します。この間、2〜3回容器ごとグルリと回しかるい攪拌をして下さい。
6．密閉できるビンにつめかえます。あらかじめ500ccに対し小さじ半分(2.5g)の砂糖をビンに入れておきます。ビンづめ後はセンをしっかりとしてください。
7．ビンづめ後2〜3日は18〜26℃の状態に保ち、以後涼しい処で熟成させてください。
8．ビンづめ後2週間以上たちますと、さわやかなB'sドリンクが楽しめます。さらに熟成を続けますと、いっそうおいしく頂けます。

※½ないし⅓カンでご使用の場合、
上記の作り方と同比率の水とイーストの量でお作り下さい。

残りは密閉した容器に入れて冷蔵庫で保存下さい。なお、開カン後はできるだけ早くお使い下さい。

★ご注意

表示された製造方法以外の方法で麦芽飲料を造ると酒類の製造となり酒税法違反で罰せられることになる場合がありますので、必ず表示の製造方法を守る様にして下さい。

さて試飲。栓を抜きコップにそそぐと白い泡がたってくる。透明感はないが黄金色。ホップエキスが入っているため苦味もある。

「(市販の)ビールのノドごし」と納得はするが、クワスのような新鮮さはなかった。もっとも、手づくりでこれ以上のものを望むのなら、麦芽からすべて自力でやるしかないのかもしれない。

とれた量が約大ビン七本。打栓器と王冠の値段を別にすると、一ビンの値段三〇〇円弱。

後で聞いた話によると、原液一缶当たりに砂糖七〇〇グラムを加えて、それを一六リットルの水でうすめると安上りだそうだ。味は大して変わらないとのこと。この方法だと、大ビン一本二〇〇円。

黒パンからつくる本格クワス

インスタントだけでは、やはり何かものたりない。そこで、ソ連の主婦になったつもりで、黒パンからつくる本格クワスに挑むことにした。

【材料】 ライ麦パン四〇〇グラム、干ブドウ二〇〇グラム、砂糖一〇〇グラム、レモン一個、三共タカヂア錠、パンイースト小さじ一杯

調達に手間どったのがライ麦一〇〇%の黒パン。東京ならいざ知らず、地方のパン屋に並んでいるのは、フカフカの色白食パンばかり。やむなく、上京した友人を介して、東京のパン屋さんから黒パンを入手。その他の材料は近くでも手に入った。

【つくり方の手順】

①二リットルの沸騰した湯に、干ブドウ、砂糖、レモンのしぼり汁を入れて二〇分ほど煮たたせる。

②火からおろして、小さくちぎった黒パンを加える。かき回しながら冷ましているうちに、パンはドロドロになった。

③六〇度になったところで、三共タカヂア錠を潰して入れる。

④二五度になったところでパンイーストを加えてかき混ぜ、フタをして陽当たりのいい場所に毛布をかぶせておいた。

⑤三日目あたりから、アルコール臭が漂い始める。中をのぞくと、上にパンくずみたいなものが浮かび、かき回すとプクプクと泡がたってくる。

⑥五日目、まだ多少甘味が残っているところで、ドブロクしぼりに使う木綿袋でしぼる。そしてビン詰め。

試飲。「手づくりクワスは最高の味」と書きたいところだが、意外なところに落し穴があった。

できたクワスは、市販ビールとそっくりの黄金色で、味そのものはさわやかでまあまあ。ただ一つの欠点が、油っぽいこと。舌やノドにベターッとした感触が残るのである。

　そこで気がついたのが、パンに使われている油脂とオイルコーティングされた干ブドウである。パンとして食べるのには、じつにおいしいのだが、その油が逆にビールのさわやかさを消したのではないか……ビン詰めしたクワス液の表面に浮いた黄色の層、これがその油脂によるものに違いない。

全国津々浦々に〝地のビール〟もいいもんだ

　そこで考えたのだが、このさい、自家産小麦の全粒粉で油脂を加えないフランスパンを焼き、その余り物を使ってクワスをつくってみてはどうかということだ。

　国産麦の全粒粉のパンの香りのよさについては、私も実証ずみだ。この香りをビールにのせたらどんな味のビールになるだろうか。失敗を機に、ビールつくりの夢（妄想？）は大きくふくらんでしまった。

　ビールにも、「味」があり「香り」があり、しかもそれが市販物のように画一的でなく多彩なことを、発見したからだ。材料だって、何もビール麦だけとはかぎるまい。ドブロクみたいに、その土地、その土地に、いろいろなビールがあるというのも楽しいではないか。

　この心意気で、全粒粉パンからつくるビール、本格的にビール麦からつくるビールにも挑戦していこう、という心境である。

（笹野好太郎）

手づくりビール に挑戦

ドブロクをものにしたら 次はビールだ

一番簡単 ビール(炭酸飲料)のもとからつくる

Ⓐはソ連の「クワス」ビールのもと。ぬるま湯に砂糖を溶いて，もととイーストを添加。１日暖かい所に放置して発酵させるだけ。

(今は残念ながら入手できない)

Ⓑは「BS DRINK」という名前で売られているラガービールのもと。ぬるま湯にもとを溶かし，添付されたイーストを加えて4～5日発酵させるだけ。１缶で16ℓのビールができる。
▶発売元 エヌビージャパン株式会社

▼発酵中の状態（左Ⓑ，右Ⓐ）

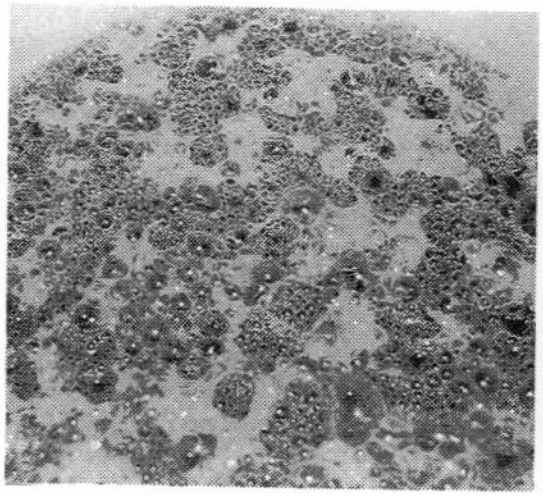

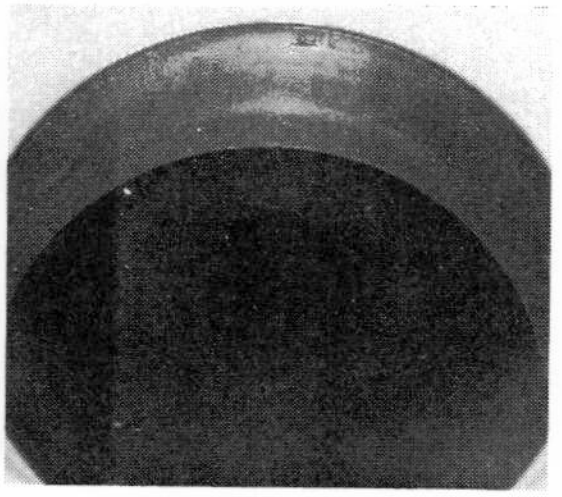

黒パンからつくる本格クワスビール

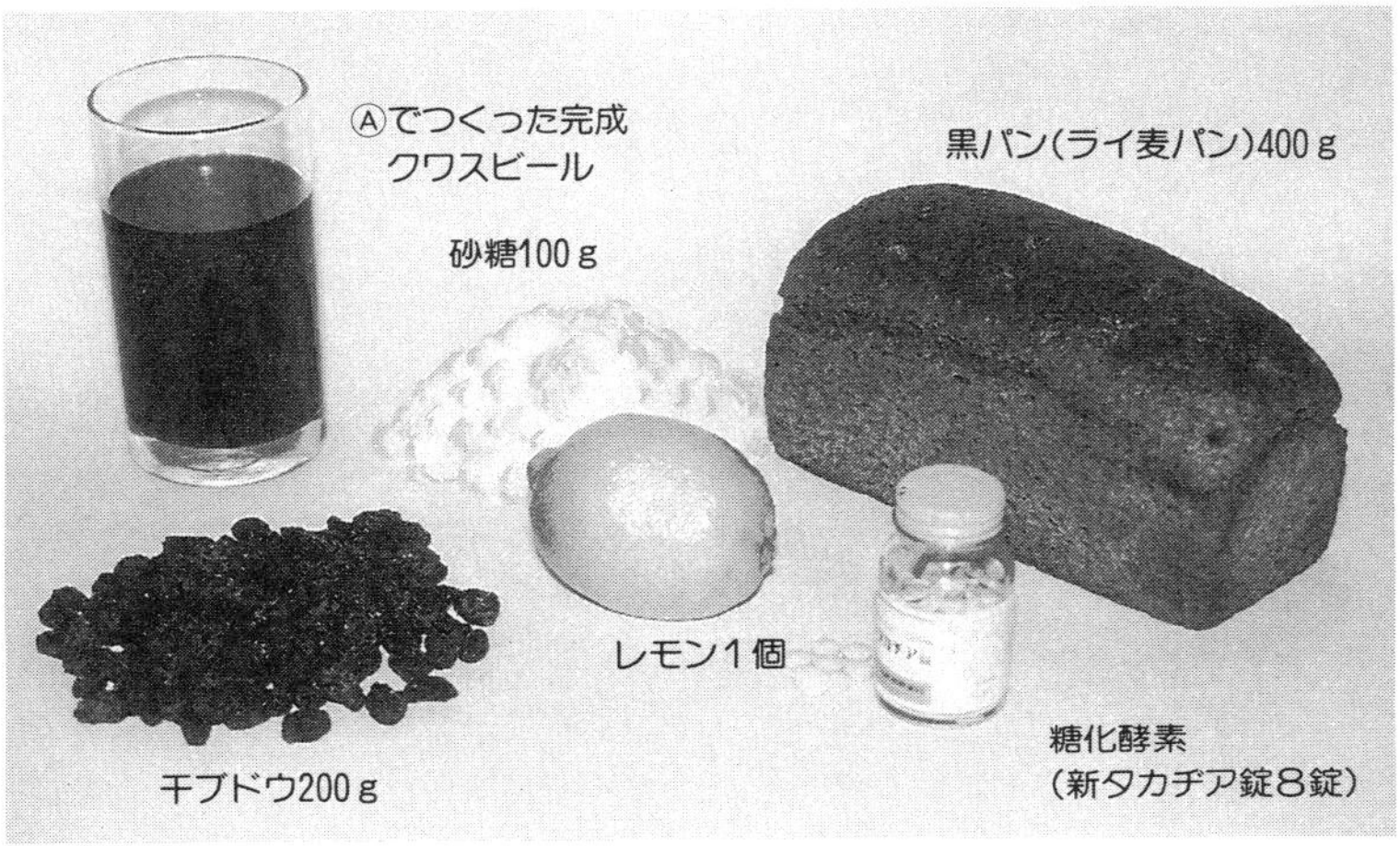

Ⓐでつくった完成
クワスビール
黒パン（ライ麦パン）400ｇ
砂糖100ｇ
レモン１個
糖化酵素
（新タカヂア錠８錠）
干ブドウ200ｇ

①干ブドウ，砂糖，レモンのしぼり汁を２ℓの水で煮沸

②鍋を火からおろし，細かくちぎった黒パンを加える

③液が60度に下がったら糖化酵素を加える

④25度に下がったところで，イースト（パン用）を小さじ１杯。数日間発酵させてからすぐ飲むか，ビン詰めして熟成させる

あとがき

全国のお百姓さんに、圧倒的な支持を受けている月刊誌「現代農業」に「ドブロク宝典」の題目で全国各地のドブロクのつくり手を訪ね、お話を伺い、描き留めるという連載を始めて、三年の時が経ちます。

日本酒がアル添、三倍醸造など、本来の酒にあるまじき、振る舞いで、自らの立場をおとしめ、人の嗜好から日本酒離れが云われていた頃でした。又、幻の酒といわれる日本酒があらわれ、人気を集めるといった具合で、何やらおかしな具合であるなあ、ホンモノの酒のホンモノって一体、どんなことなのだろう?

訪ね歩いた場所を、地図に印してみると、何やら渡来民による日本統一以前の、縄文文化に重なって見えます。

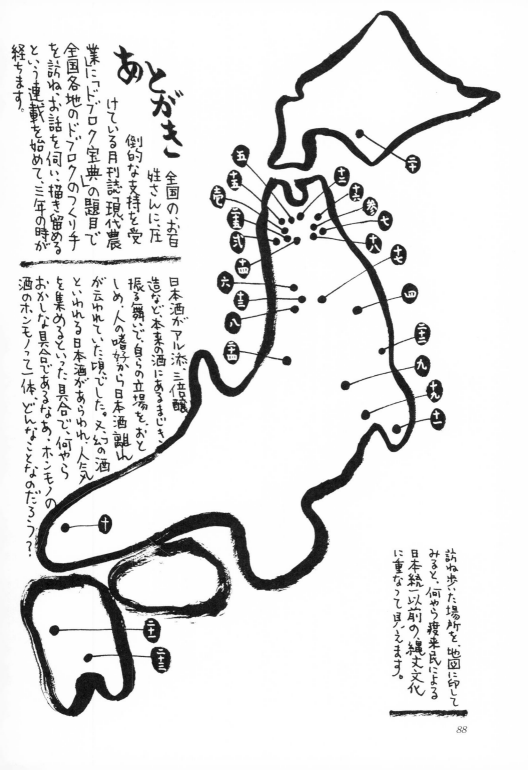

その頃に前田俊彦さんが、自分の飲む酒は、自分でつくろうと、全く意表をついた、あまりにも当然な主張を持って「ドブロクをつくろう」を農文協から出版されました。「ドブロク宝典」もその精神を受け、全国に沢山いるハズのドブロクのつくり手を探し、訪ね、その作り方の秘密を聞き、広く読者に知ってもらいたいという想いで始めたものでした。

御存知の通りドブロクづくりには米と水とこうじがあれば、誰にもつくれます。でも土地が違えば米も水も違ってきます。ある場所では「にわか造り」と称して、仕込んだ翌日には飲むといった所もあれば、仕込んだら二冬を越すまでは手をつけないという所もあります。こうじのツブツブが口の中に残らねばドブロクといえないというおじいさんもいれば、かめの中で米の中身がすっかり出つくさねば、飲まないという人もいる。イースト使うとすぐにすっぱくなるから粕からもトをつくるという人も、自分は飲めないけれど、父ちゃんが好きなのでつくっているという人や、みんなに飲ませてやるのが愉しみという人、様々なスタイルで、それぞれの人が楽しみながら、酒自慢をしながらの話を伺ったものでした。

そこで出された酒に酔いしれて、話を聞き洩らしたり、腰をとられて、バタンキューといったことも一度や二度ではありませんでした。夢心地の中味わって想うことは、どの酒にもつくり手の意気が仕込まれているということです。酒という生き物をつくり出す誇りを飲むことでした。

日露戦争の戦費をひねり出す為考え出された「酒税法」だなんてものにいつまでも、しばられてるなんて、飲むにしろ、つくるにしろ、自ら培った文化、伝統、暮らしそのものの活力を落としめるだけではないかと考えます。今日に至って日本がまい進してきた経済一本槍が、いかに人間そのものを食いモノにしてきたか、はっきりと答えが出てきてるように思えます。

夜中に、仕込み終ったドブロクがプクプクとわいている声を聞いていると、いい酒に育てよ、しっかり飲んでやるからな、と呼びかけたくなります。

この本に御登場願った方々の御名前は、止むを得ず仮名にさせていただきました。

この本の骨組みをつくり、支えていただいた編集部の、西森さん、甲斐さん、そしてドブロクづくりの話をきかせて下さった多くの人達、御紹介の労をとって下さった諸先輩の方に改めて、ありがとうございました。

さて東北地方のみならず、全国至る所、まだまだ埋れたドブロクづくりの名手の方はいらっしゃることと存じます。ワレと思わん方は、自他薦を問わず、当編集部までぜひ御連絡を下さい。出向いて、お話を伺いたいと思っております。

一九九九年三月
貝原浩

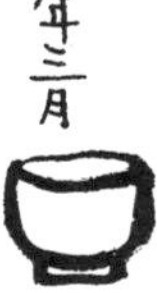

図解文集
世界手づくり酒宝典

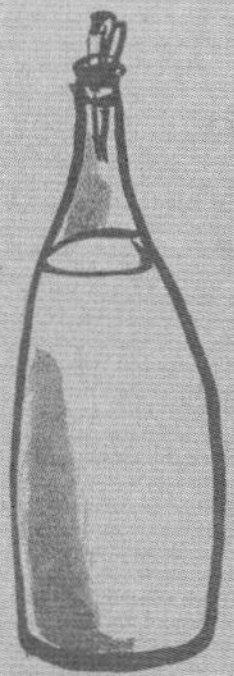

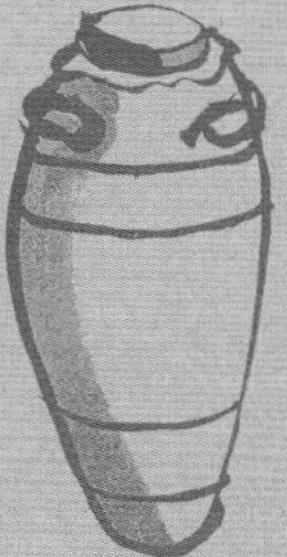

貝原浩

農文協

目次

前著『諸国ドブロク宝典』は、お陰さまで好評をえた。手づくり酒の裾野の広がりにいささかの貢献をしたのではないかと思っている。以来一〇年、その後のご報告も兼ねて、日本のみならず諸外国の一風変った酒づくりをご紹介したい。

また、酒を肴に現地の人びとと交流した様子も綴ってほしいとの編集者の要望に応えて、「貝原浩の手づくり酒を訪ねて三千里」という文を添えた。「図解文集」とした所以である。

一日一回のこの味見がたまらない

一風変った酒づくりを楽しむ…日本・外国編

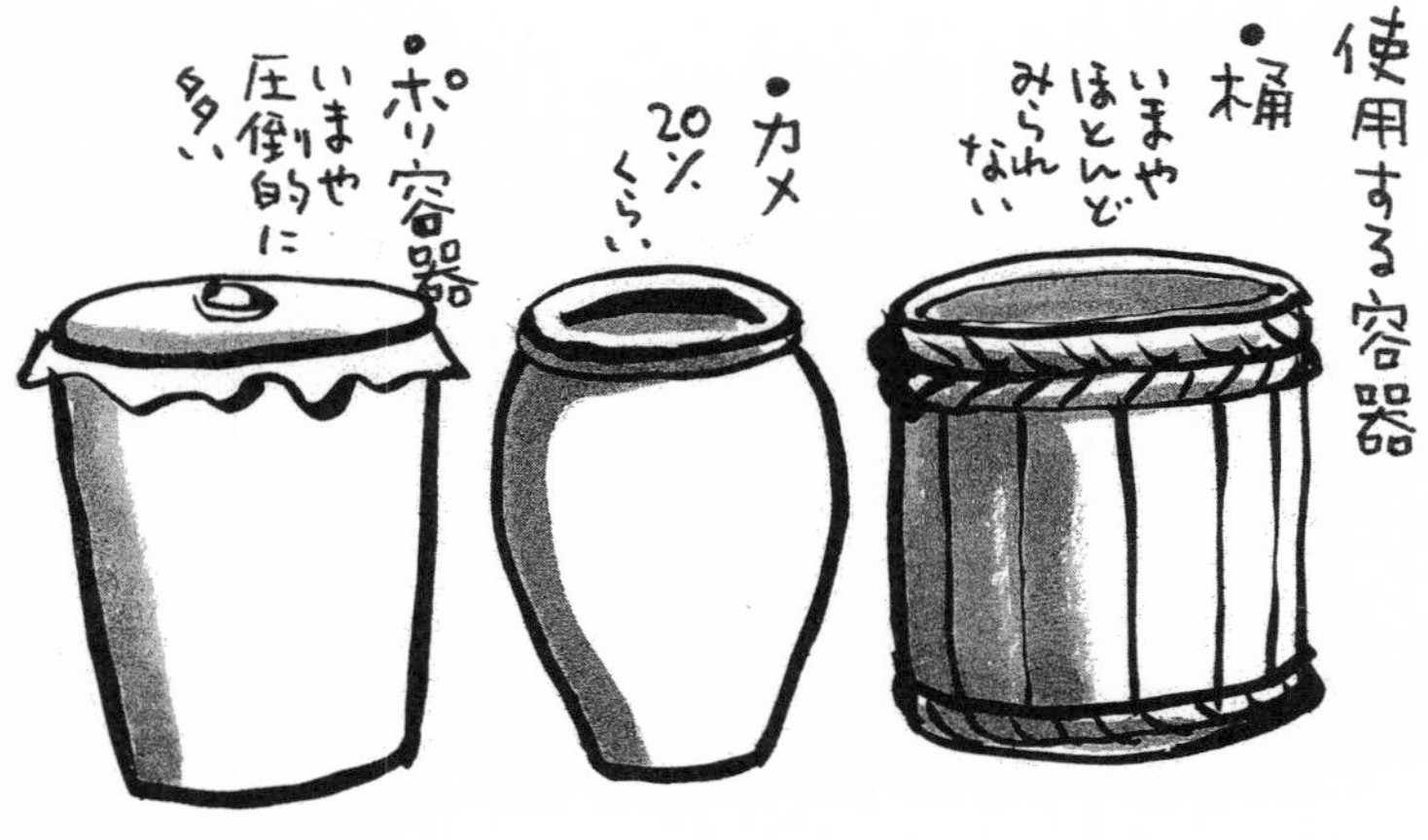
使用する容器
・桶
いまやほとんどみられない
・カメ
20％くらい
・ポリ容器
いまや圧倒的に多い

水あれこれ
銘水
湧水
井戸水
沢水
ろ過水
市販水
わかし水
・・・
・大都市の水道水
だけはいただけません

みてきた原料いろいろ

うるち米
もち米
小麦
粟
ひえ
じゃが芋
さつま芋
トウモロコシ
アマランサス
ヤシ
まだまだあるぞ
世界には

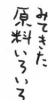

マッコリ
どぶろく
トゥンバ
ヤシ酒
サマゴン

貝原浩の手づくり酒を訪ねて三千里

東北の湯治宿
Kai

本書でご登場願った酒づくり名人たちのお名前は原則として仮名とした。言わずと知れた無粋、野蛮な「酒税法」をおもんぱかってのことである。ただ、地域(県名)については明記した。酒づくりが地域・風土と切っても切れぬ関係にあることを考慮したためである。

——読者の方がたの酒づくりが成功いたしますことと、楽しみのいよいよ多からんことをお祈りいたします。

一風変った酒づくりを楽しむ
日本・外国編
このご時世、よくぞ
まあ、全国津々浦々
手づくりの酒を、手変え
品変え 楽しんでいる人が
いるものだ。それも、年々
歳々すそ野は確実に
広がっているように思います。
さてさて いかなる手業くり
出して、一酔わせてくれるか
じっくりとっくり、ご覧あれ。

秋から冬、春ワイワイと
ワイン、柿酒、ドブロクの
酒づくり自慢集まる
静岡県
村木広さんと仲間達
たたみ屋
この調子でビールにも挑戦してみるか
村木さん
園芸家
弟子のつくる酒もよくなったなアウカウカできんぞ
今日も仲間が集まり
できたての新酒品評会。
この頃は弟子たちの酒も
工夫をこらし風味あなどりがたしなのだ。
銘水で名高い湧水を使って作ったり
天日干しのコメで仕込むといった具合で、
師匠を自任する私としては、
又、新たな工夫をあみ出
さねばと思う次第です。
今まではポリ容
器を使ってたが
新しくステンレ
スの鍋を手に入れた
これで一味違うものが
できるぞと内心燃えてます。
と、まあどぶろくづくりに事寄せ、職域を
超えたつきあいの時間を楽しく
すごすようになりました。
つまみはあぶった
めざしでいい。
自分でつくる酒は大事に飲んでます
設計士
酒は水が命です。車で銘水をくんできてつくってます
会社員
失敗ばかりしているのでいまはもう皆さんの酒の利き酒役です。
文具屋
ボクの酒は「千本桜」と
プレスエ

郵便はがき

おそれいります
が切手をはって
お出し下さい

1078668

（受取人）

東京都港区
赤坂郵便局
私書箱第十五号

農文協

http://www.ruralnet.or.jp/

読者カード係行

◎このカードは当会の今後の刊行計画及び、新刊等の案内に役だたせていただきたいと思います。　はじめての方は○印を（　）

ご住所	（〒　－　） TEL： FAX：
お名前	男・女　歳
E-mail：	
ご職業	公務員・会社員・自営業・自由業・主婦・農漁業・教職員（大学・短大・高校・中学・小学・他）研究生・学生・団体職員・その他（　）
お勤め先・学校名	日頃ご覧の新聞・雑誌名

※この葉書にお書きいただいた個人情報は、新刊案内や見本誌送付、ご注文品の配送、確認等の連絡のために使用し、その目的以外での利用はいたしません。

● ご感想をインターネット等で紹介させていただく場合がございます。ご了承下さい。

● 送料無料・農文協以外の書籍も注文できる会員制通販書店「田舎の本屋さん」入会募集中！
案内進呈します。　希望□

■毎月抽選で10名様に見本誌を1冊進呈■（ご希望の雑誌名ひとつに○を）

①現代農業　②季刊 地 域　③うかたま

お客様コード

17.12

お買上げの本

■ご購入いただいた書店（　　　　書店）

●本書についてご感想など

●今後の出版物についてのご希望など

この本をお求めの動機	広告を見て（紙・誌名）	書店で見て	書評を見て（紙・誌名）	インターネットを見て	知人・先生のすすめで	図書館で見て

◇新規注文書◇　郵送ご希望の場合、送料をご負担いただきます。

購入希望の図書がありましたら、下記へご記入下さい。お支払いはCVS・郵便振替でお願いします。

（書名）	（定価）￥	（部数）　部
（書名）	（定価）￥	（部数）　部

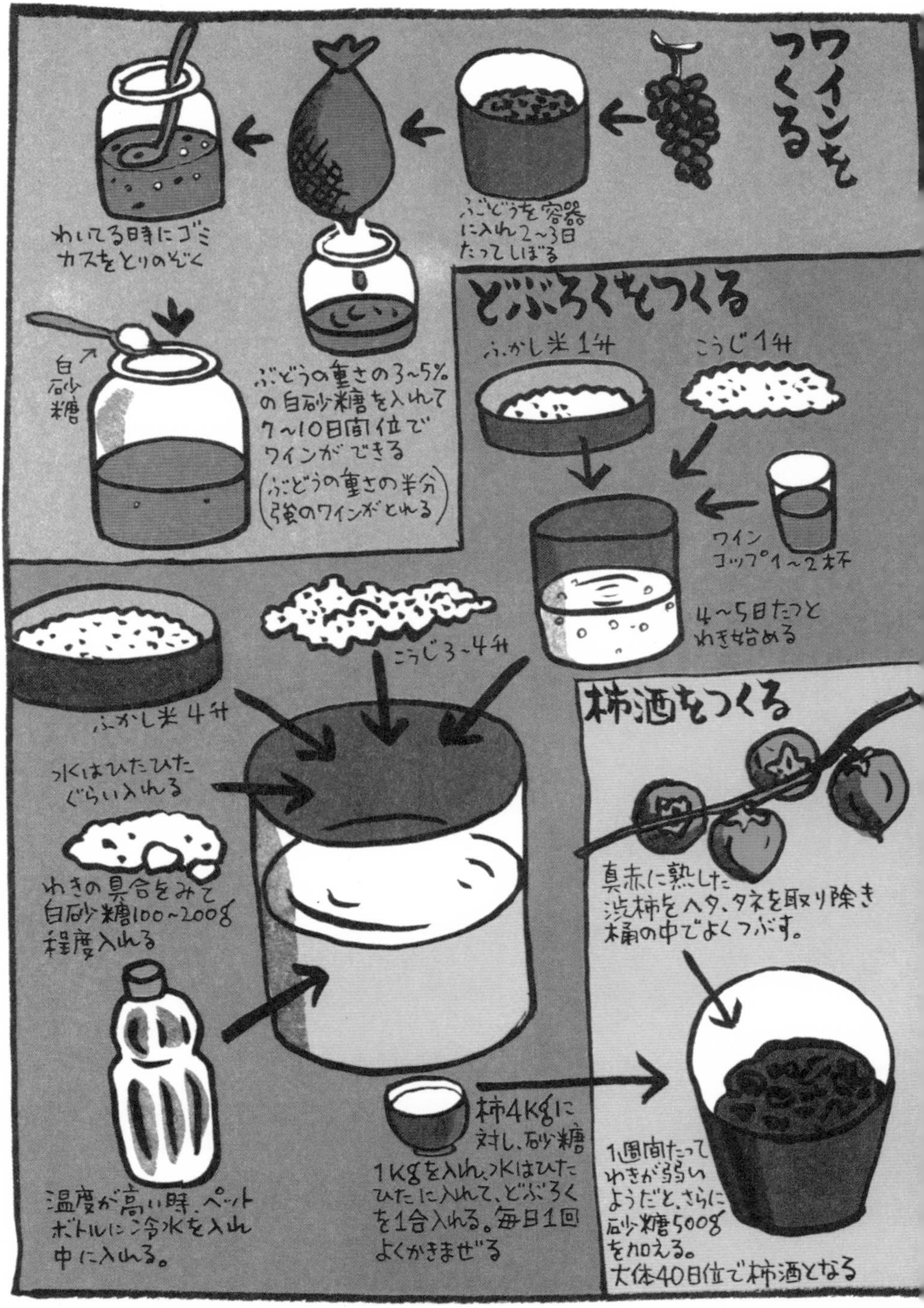
ワインをつくる
ぶどうを容器に入れ2〜3日たってしぼる
わいてる時にゴミカスをとりのぞく
白砂糖
ぶどうの重さの3〜5%の白砂糖を入れて7〜10日間位でワインができる
（ぶどうの重さの半分強のワインがとれる）
どぶろくをつくる
ふかし米1升
こうじ1升
ワインコップ1〜2杯
4〜5日たつとわき始める
こうじ3〜4升
ふかし米4升
水はひたひたぐらい入れる
わきの具合をみて白砂糖100〜200g程度入れる
温度が高い時、ペットボトルに冷水を入れ中に入れる。
柿酒をつくる
真赤に熟した渋柿をヘタ、タネを取り除き桶の中でよくつぶす。
柿4kgに対し、砂糖1kgを入れ、水はひたひたに入れて、どぶろくを1合入れる。毎日1回よくかきまぜる
1週間たってわきが弱いようだと、さらに砂糖500gを加える。
大体40日位で柿酒となる

爺さま焼酎
父さん濁り酒
母さんパンづくり
子らは「どべん」と
満足まんぞく

山形県
大原正志さん

どこの家もが、どぶろくをつくり集まりに一杯、農作業の合間に一杯と飲み交してたその昔、大原の母ちゃんのつくるのはめっぽううめえと評判であった。何かと用事をつくっては家に来て一杯又一杯みんないい気分で帰ったそうな。まだ6、7才だった大原さんは母のつくるモトを桶からひとすくいしてはなめその味の甘酸っぱさにすっかりまいってしまったという。長じて

大原さんのつくる酒は母直伝の酸味の強い酒だ。三ツ子の味覚、百までのよう(??)に味の好みはガンコなものだね。その酸味の強い酒を父さんが楽しみ、しぼりカスは砂糖と湯でといて、子どもたちのおやつ「どべん」となる。母さんはどぶろく少々と小麦粉といて酒パンづくり。ばあ様はカス汁、カス漬けに腕をふるい、爺さまは、手製蒸留装置で焼酎をつくる。もう家中で余すことなくどぶろくを楽しんでいる大原さんの巻でした。

田んぼは息子にまかせたが 酒づくりは現役だよと 爺さま
ビニールホース
アルミパイプ
水はたえずとりかえる
焼酎にするときは、しぼらず、そのまま釜に入れ蒸留する

つくり方
もトづくり
米3升をよくとぎ、こうじ2合とごはん1杯を入れ、井戸水をひたひたに入れ、水がすっぱくなるまで、部屋のあたたかい所においておく大体3日ぐらい。
水はとりおいて、米をかためにふかす。
仕込み
こうじ2升
とりおいてた水と汲みおきの水をひたひたに入れる
1週間～10日ぐらい毎日1回かきまぜ少し味をみる。味見しすぎると飲みごろのときなくなってるぞ
しぼる
自家製しぼり器
重し石
さらしに入れたどぶろく
缶の底に穴を開けている。
上の缶を支える木の台
たまったどぶろく
袋に入れたどぶろくを重し石でひと晩かけてゆっくりしぼる
お気に入りの片口にどぶろく入れて茶わんに入れグ～と飲む。
しぼりカスでつくる鍋、粕漬けはおいしいのとばあさま
どぶろく種のパンは、ほんとうに香ばしいと母さん
3時のおやつはまず「どべん」を一杯の子どもたち
このすっぱい味がたまらんなと父のいう

日々五合は欠かさぬ亭主と粕料理に腕ふるう女房ドノ
青森県 畑中雄さん 明子さん
食卓にドーンとおかれたのは、しぼりたてのドブロクの入った2.5ℓの容器。まだ少し若いけれど飲ってくれとコップをさし出された。毎日五合は欠かさない畑中さんの酒はじい様直伝の腰の強いどぶろくだ。
カスに砂糖少々と小麦粉を耳たぶぐらいにまぜて焼いたカスもち
うまくできたときは酸っぱみがほどよく口に残るヤツだ
昔、赤ん坊を入れて寝かせた「えじこ」いまは桶がすっぽり入ってねている。

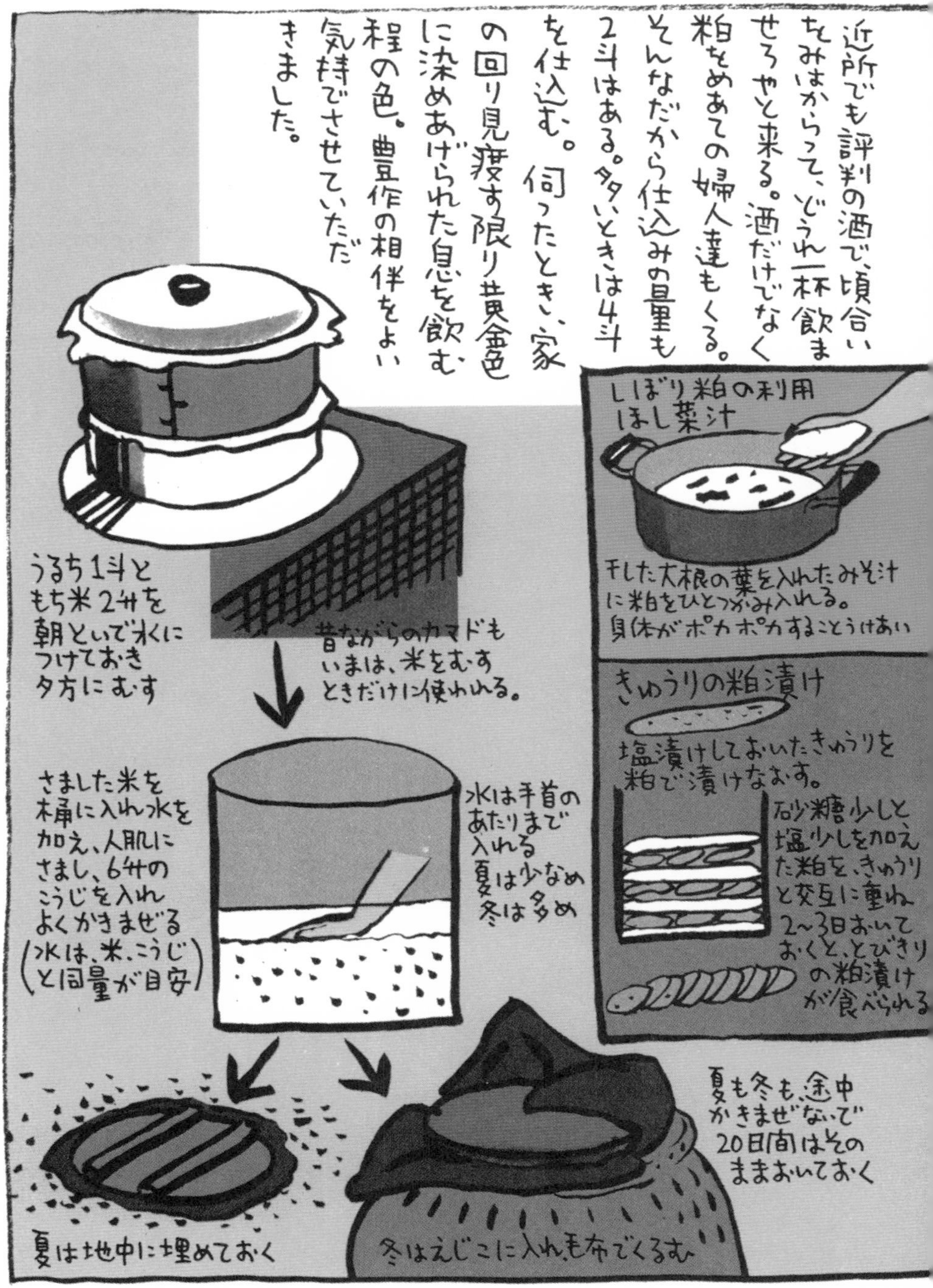
近所でも評判の酒で、頃合いをみはからって、どうれ一杯飲ませろやと来る。酒だけでなく粕をめあての婦人達もくる。そんなだから仕込みの量も２斗はある。多いときは４斗を仕込む。伺ったとき、家の回り見渡す限り黄金色に染めあげられた息を飲む程の色。豊作の相伴をよい気持でさせていただきました。
うるち１斗と もち米２升を 朝といで水につけておき 夕方にむす
昔ながらのカマドも いまは、米をむす ときだけに使われる。
しぼり粕の利用 ほし菜汁
干した大根の葉を入れたみそ汁に粕をひとつかみ入れる。身体がポカポカすることうけあい
きゅうりの粕漬け
塩漬けしておいたきゅうりを粕で漬けなおす。
砂糖少しと塩少しを加えた粕を、きゅうりと交互に重ね2～3日おいておくと、とびきりの粕漬けが食べられる
さました米を桶に入れ水を加え、人肌にさまし、6升のこうじを入れよくかきまぜる（水は、米、こうじと同量が目安）
水は手首のあたりまで入れる 夏は少なめ 冬は多め
夏も冬も途中かきまぜないで20日間はそのままおいておく
夏は地中に埋めておく
冬はえじこに入れ毛布でくるむ

岩手県

一条ふみさん

千年も前からどんべといえば雑穀でつくってきた

東北地方を襲った何度かの大凶作の中を生きてきた一条さんの話。

「昔、ままといえばひえか粟のことで米なんてその中にほんの少し浮かんでいるくらいのこと。百姓が苦しい中ささやかな楽しみだった酒も、ひえからつくるのが普通だった。バッタリでつくひえの一粒も無駄にはできなかった。酒がわいてくる

大事にかまってやればどんべもこたえてくれるのよ

と、どこからともなく匂いにつられてか
村のカカ様達のお出ましとなる
「どんべ飲ませろ」というカカ様の顔の
なんとまあテカテカしてること。男まさり
の酔っぱらいだって少なくなかった。
村人のうわさ、夜這いの一部始終、畑の
できやらひとしきり盛り上がったもの。
これもわるぐねぇ「どんべのせいかなァ。」
ぼったくり
ほどよく発酵した人糞
くみ上げて野菜のタネをまぜる
よくかきまぜる
手を振りながら畑にまく
それはそれは見事な菜ができたという
ごはんのおこげをそぎとり器に入れておくと、やがてわいてくる。それを入れる
（簡単なくされもと）
とりわけておいたドブロク2合入れる
種っ子たやせねえでおいておくのが肝要とのこと
ひえ8合、米2合入れて炊く
人肌にさまして入れる
くみおきの水。
多めの水はゆるい酒
ひたひたの水加減ではきつい酒
毎日1回
かませながら2週間前後おいておく
酒が少なくなったら残りめしを入れてわくのをまって又飲む

戸棚せましと果実酒に濁酒並ぶ
新潟県 星野栄子さん
果実酒づくりを楽しんでたら どぶろくもつくって みたいと思って始めたのよ
長年の勤めを辞め、三年余り。いまは、家の畑で、四季折々の野菜づくり、近くの山からとってきた山菜の保存、料理と、次から次へ楽しみをみつけている。中でも自慢の一品は、枝豆からつくる豆腐だ。見れば、ほんのり緑色がかった木綿豆腐だ。やっこ、鍋、汁と大活用している。おからは野菜たっぷり入れた肉なしのハンバーグに焼きあげる。これは便秘にいいと教えてくれた。

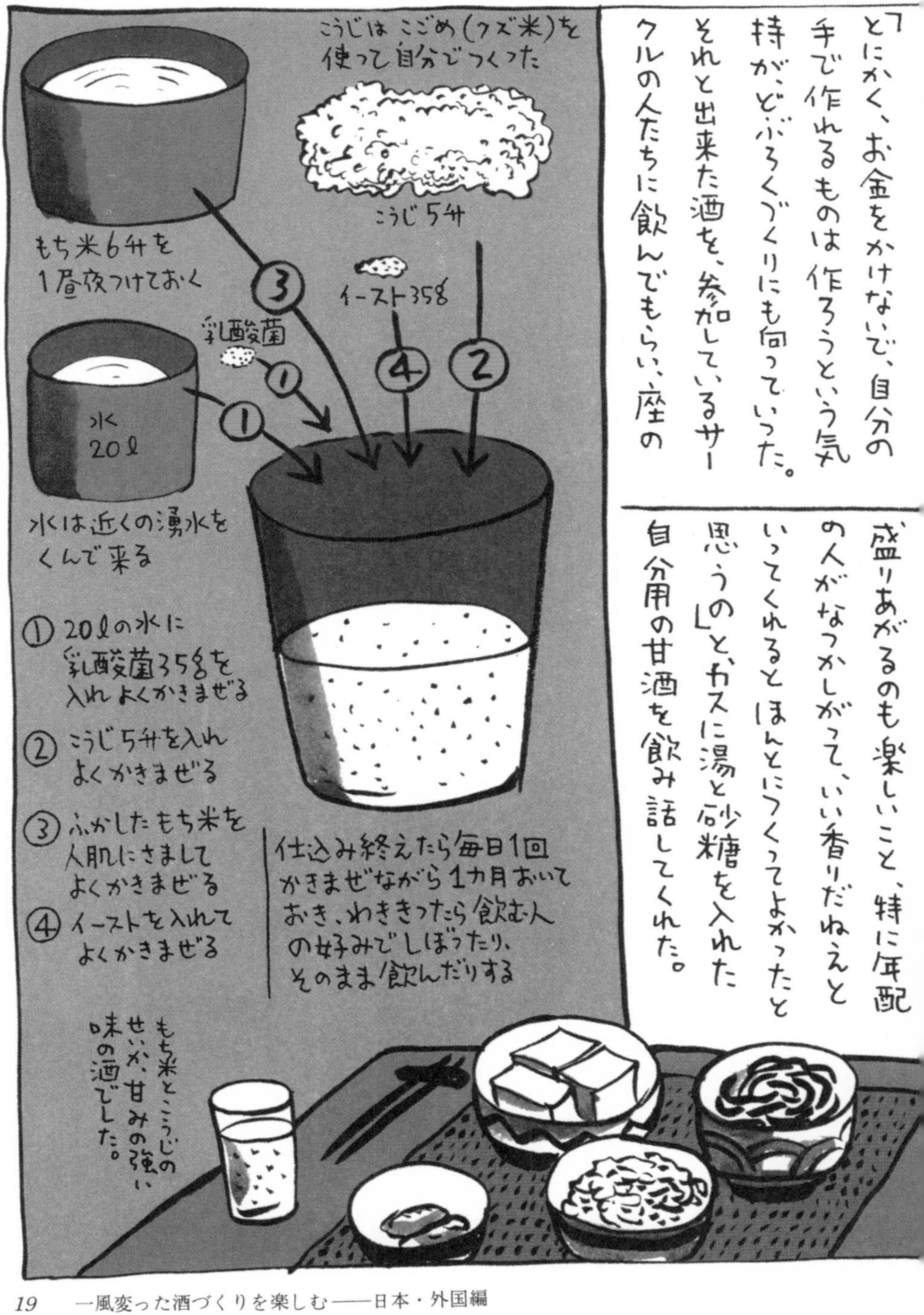
「とにかく、お金をかけないで、自分の手で作れるものは作ろうという気持が、どぶろくづくりにも向っていった。それと出来た酒を、参加しているサークルの人たちに飲んでもらい、座の
盛りあがるのも楽しいこと、特に年配の人がなつかしがって、いい香りだねえといってくれるとほんとにつくってよかったと思うの」と、カスに湯と砂糖を入れた自分用の甘酒を飲み話してくれた。
こうじは こごめ（クズ米）を使って自分でつくった
こうじ5升
もち米6升を1昼夜つけておく
イースト35g
乳酸菌
水20ℓ
水は近くの湧水をくんで来る
① 20ℓの水に乳酸菌35gを入れよくかきまぜる
② こうじ5升を入れよくかきまぜる
③ ふかしたもち米を人肌にさましてよくかきまぜる
④ イーストを入れてよくかきまぜる
仕込み終えたら毎日1回かきまぜながら1カ月おいておき、わききったら飲む人の好みでしぼったり、そのまま飲んだりする
もち米とこうじのせいか、甘みの強い味の酒でした。

ほんのりほのぼのすっきり味の牛乳酒

長野県
藤沢作造さん

生命を大事にしないで食品にできる乳とはちみつにこだわりたい

「これ何だか、わかりますか？」アルミ箱に入れられた白いかたまり。「プリン？」「ブー」「チーズ？」「ブー」「豆腐？」「ピン、ポーン」仔を産んだばかりの牛から最初にとれる乳を少しだけいただいて、湯煎するとできる「初乳豆腐」。ほろ甘く、上質の絹ごしの舌ざわりが心地よい。乳を出荷できない一週間だけ、味わえる牧場のごちそうだ。子供の頃、牛の姿をみつけるとかけより、柵にもたれ、一日中飽きずうっとり眺め、大きくなったら

牛と暮らしたいと思っていたという。牛が飼主に似るのか、その逆なのか牛達の表情の愛らしさおだやかさには、こちらからも微笑でお返しです。乳を加工することには人一倍、強い関心を持ち続けチーズ、ヨーグルトづくりの合間に牛乳酒を飲んでみたいと、試してみた。牛乳は馬乳にくらべ糖度が低くそれだけでは酒にはならず、はちみつとイーストを加えて、酒らしきものができた。

ほんわり、ほのぼの、あれ、これ何だろう?! ポッとほほの赤らむような涼やかな味わいの飲みものでした。

ブラウンスイス

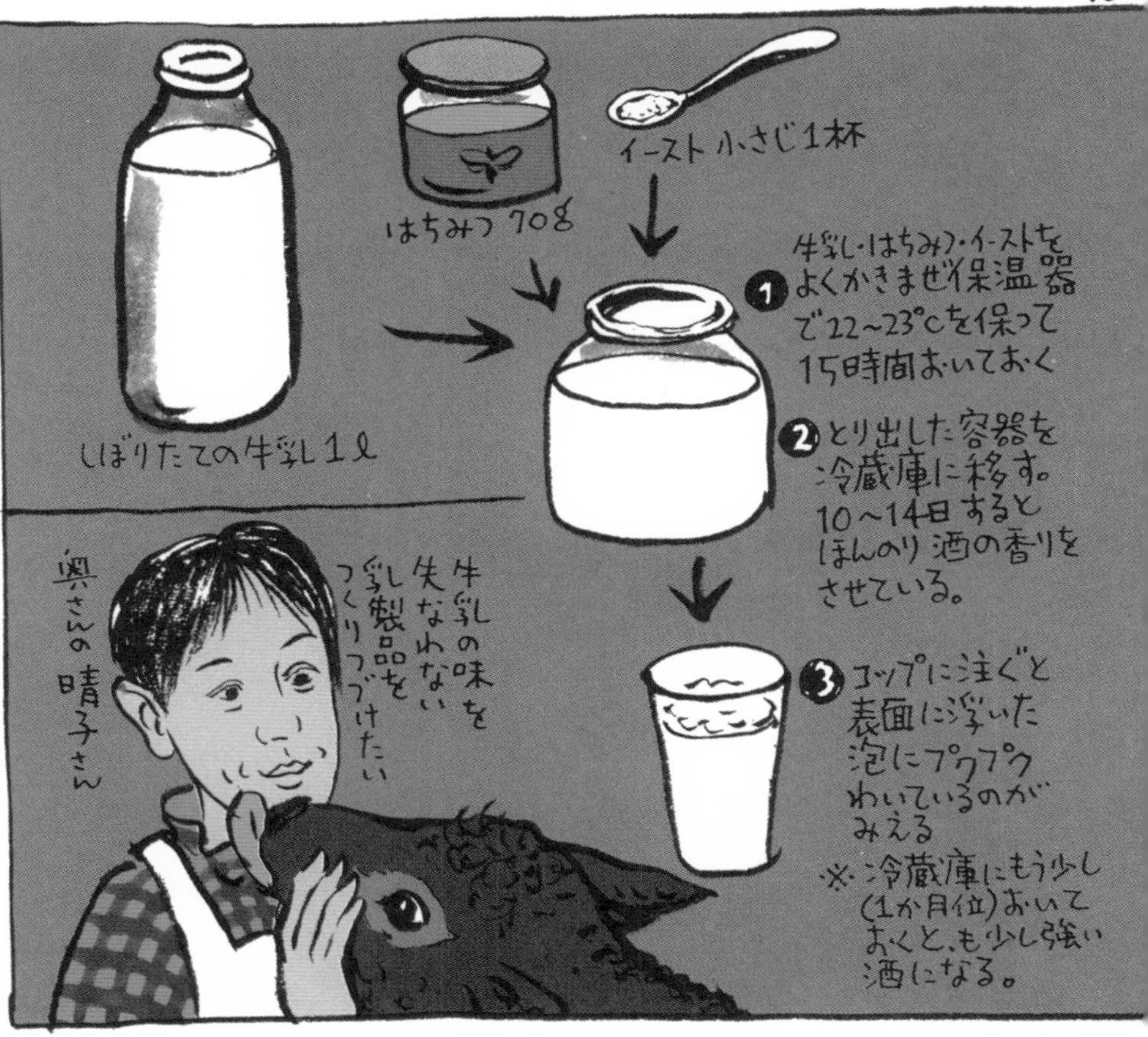

しぼりたての牛乳1ℓ
はちみつ70g
イースト小さじ1杯
① 牛乳・はちみつ・イーストをよくかきまぜ保温器で22~23°Cを保って15時間おいておく
② とり出した容器を冷蔵庫に移す。10~14日するとほんのり酒の香りをさせている。
③ コップに注ぐと表面に浮いた泡にプクプクわいているのがみえる
※冷蔵庫にもう少し(1か月位)おいておくと、も少し強い酒になる。
奥さんの晴子さん
牛乳の味を失なわない乳製品をつくりつづけたい

茨城県 村井侑夫さん
土着菌から麹をつくる
人にも作物にも
滋養たっぷり
①
国産小麦の全粒粉を耳たぶ位の硬さに練り、ドーナッツ状に丸める。
②
杉の葉でおおう
わら
3~4日かわかしたよもぎ
わら、よもぎ、ドーナッツと交互に重ね、からからになるまでおよそ30~40日おいておく
ドーナッツにはまんべんなく菌が入りこんでいる
村井さんは、都市化の進む関東平野の一角で、専業農家として、米、果物を生産しています。お上主導の農が土地農民の健康を害していることに気付き、自身の身体にもいい方法をと自然農法の研究会に参加。その中で発酵菌の大事さを改めて見直し、以来、無農薬で田畑を
二段目が少なくなったら三段目を仕込むんだ
ざるを中に沈め、上澄みだけを飲む
ドーナッツをつくっているコンテナ

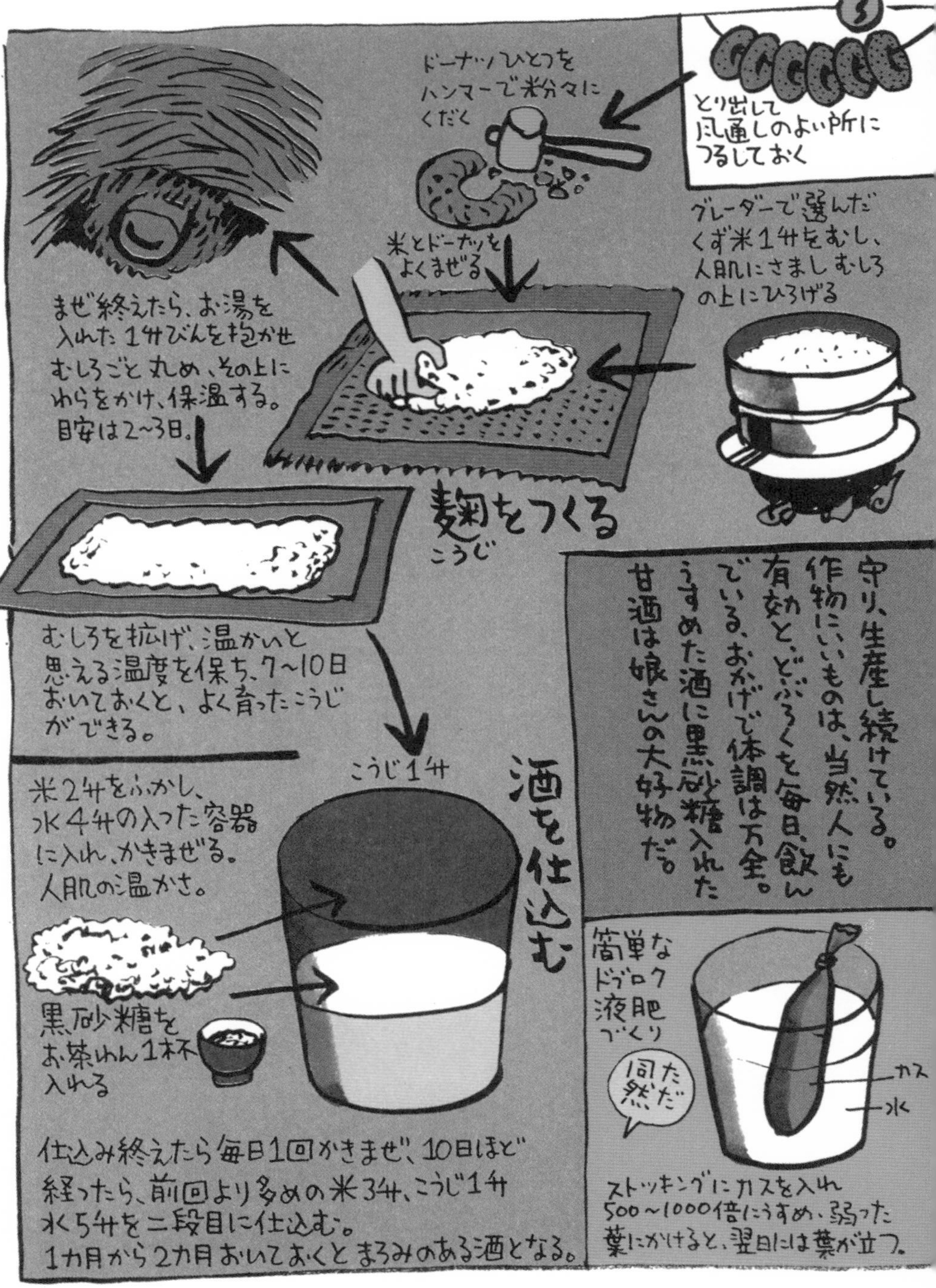
ドーナツひとつを
ハンマーで粉々に
くだく
とり出して
風通しのよい所に
つるしておく
グレーダーで選んだ
くず米1升をむし、
人肌にさましむしろ
の上にひろげる
米とドーナツを
よくまぜる
まぜ終えたら、お湯を
入れた1升びんを抱かせ
むしろごと丸め、その上に
わらをかけ、保温する。
目安は2〜3日。
麹《こうじ》をつくる
むしろを拡げ、温かいと
思える温度を保ち、7〜10日
おいておくと、よく育ったこうじ
ができる。
守り、生産し続けている。作物にいいものは、当然人にも有効と、どぶろくを毎日、飲んでいる。おかげで体調は万全。うすめた酒に黒砂糖入れた甘酒は娘さんの大好物だ。
酒を仕込む
こうじ1升
米2升をふかし、
水4升の入った容器
に入れ、かきまぜる。
人肌の温かさ。
黒砂糖を
お茶わん1杯
入れる
仕込み終えたら毎日1回かきまぜ、10日ほど
経ったら、前回より多めの米3升、こうじ1升
水5升を二段目に仕込む。
1カ月から2カ月おいておくと まろみのある酒となる。
簡単な
ドブロク
液肥
づくり
ただ同然
カス
水
ストッキングにカスを入れ
500〜1000倍にうすめ、弱った
葉にかけると、翌日には葉が立つ。

熊本県
大川光夫さん
苗さん
一日一回どぶろくつけてお肌の手入れ
身体にいい作物は、生命力あふれる土地から生まれると信じ、長く無農薬、自然農法を実践、多くの人に生産物を届けている。
自分の田からとれる米からつくるどぶろくも多くのファンがついていて、訪ねてくる人がひきもきらない。
近所の人の相談相手にもなってるお二人を交えて人の輪が拡がっている。男は飲む一方のどぶろくだが意外な効用が女の人のどぶろくファンを集めている。というのは、人肌にあたためた
どぶろくを肌につけてると、うるおいをとり戻し、きめ細やかな肌になるそうです
そうか、そんな使い方もある
ばあちゃんのどぶろくおいしいっていわれると気が入るわね
酒はぬるめの方がおいしい
なあ、やってみませんか

仕込み終えたら
さわらないでまつ。
わき終えたら、中に
ザルを入れ、こして
飲む、カスは馬に
食わせたり、田に
まいたりする。
こうじ4升
米7升ひと晩
つけておく
水はひたひたに
入れる
水切りしてふかす
イースト
コップ半分
人肌にさました米を
入れる
カメにふたをして冷暗所に
約3週間おいておく
息子さん夫婦の耕すたい肥たっぷりの
畑から隆々とした
作物が生まれる。
お母さんのどぶろくで
手の荒れることも
ないわ
うちの
このきゅうり
こんなに光ってる
おいしいぞ

こだわるからには
極めてみせよう
手づくりビール
山梨県
月野広之さん
長く鍼灸の仕事を続ける内に身体にとっていいものは何かと、関心が強くなって、日々愛飲してるビールにも及んでゆきました。つくる以上は完全無農薬の麦でないと意味がない。さあビール麦探しから始め、天城2条をやっと手に入れ、友人の畑でつくってもらう。3畝で約百kgの収量だ。そしてロースト用の大鍋は・出来たビールを飲ませる約束で、近所のそば屋さんから譲ってもらい、微妙な温度管理用コンピューターソフトは甥っ子に
←コンピューター連動の温度管理をする保温器
打栓してから、出来るまでが大変。大半は途中で飲んでしまう。
電動石ウス ソバから麦まで用途はいっぱい。
「ベルギーのトラピストビールの濃厚な味加減がビールの原点だと思う」
ビンづめの時、ブドウ糖を4〜7g入れる。炭酸ガスのもとになる。

ビールをつくる

ムシロに麦を直接のせて発芽させようとしたら続けて失敗！そして工夫してできたのがコレ！

(1) 発芽させる
1寸5分の角材を組みその上に防虫アミをしき、1昼夜水でふやかした麦を5cmくらいの厚さにおく。

(2) ムシロをかけ、湿り気を保つよう、ジョーロで水をかけてやる。
7日間は1日2回、麦を全体によくかきまわして、湿度の均等を保つ、2～3日で根が出始め、7～8日麦芽の生長をまつ

(3) 発芽したら広くひろげ1～2日天日で乾かす。

(4) ローストする
ローストの加減でビールの味や色がきまるので、こゝはていねいにローストしよう。
なべの中の麦の温度は80℃を保ちながら、まんべんなくかきまぜる。

(5) ふるいにかけて根をとりのぞく

(6) 石ウスで荒びきする

(7) 麦1に対して水6の量を入れ、ひと晩65℃を保つ。

(8) 糖化の済んだ麦を布に入れしぼる

頼み、徐々に打栓機、石ウスと揃えていった。何度かつくったビール味は仲々納得できる味にならない。「だからこそ挑戦しがいがあるし、工夫も生まれるでしょう」「そば屋さんの喜ぶ顔も、早くみたいしね」

よし待ちましょう!!

(9) 麦の量に対して2%の量のホップを入れ、しぼり汁を強火で1時間半から2時間煮る。
その後、ホップのカスをこす。

(10) こした液をさまし糖度を測る。糖度が低いときは糖度が16°になるくらいにブドウ糖を加える。

(11) ビール用イーストを、液20ℓに対し11.5g入れる 1～2日でトロっとした泡がわく。そのまゝ3～4日おいて、発酵のすゝむのを楽しむ

(12)

おりをとりのぞいてさあびんづめだ
すぐにでも飲めるが、冷暗所において3～4週間まてばマロみコクの味わい深い自分ビールのできあがり

大切なカムイノミ《神への祈り》に供する酒《トノト》はフチ《おばあさん》のつくるもの

北海道
コトリサワさん

仕込み終えたら
桶のフタの上に三か所
清めの塩を盛るの
いまでは、昔風の
とうきびを
手に入れるのが
大変なのよ

何よりカムイノミを大切にするアイヌの生活に欠かすことのできないのがトノト(酒)です。
その酒をつくることができるのは女の人に限られます。それも若い女ではだめで、フチと尊称される年配の人の役割なのです。酒のケガレを避ける言い伝えです。
酒を仕込むのは、行事に合わせ、大体一週間位前から準備します。使う材料も、あわ、ひえ、きび、麦…と様々使われてきました。味の好みも、昔はきつい酒が好まれたが今は甘口の方が喜ばれるという。
酒がわいたら、女たちが酒こし歌に手拍子をうち、歌い、踊りながら

東京・早稲田にアイヌ料理の店レラ・チセ（風の家）があります。多くの人と語りあえる場です。料理もうまい。アイヌねぎが絶品。
☎03-3202-7642
とうきびからつくる酒
乾燥したとうきび約1Kgをひと晩水につけ水をたっぷりすわす。
水切りしたとうきびをたっぷり水を入れた鍋に入れ3~4時間弱火で煮る。とうきびが黄色から白色へと花開くようにふくらみ汁はドロドロになる。
汁はすてないで、このままぬるくなるまでさまし、仕込みのとき一緒に容器に入れる
どんぶり1杯のごはんをおかゆにする。人肌にさます。
市販のこうじ3袋をよくもみほぐす
仕込みの時に水は全く加えないでヘラを使ってよくかきまぜる
容器は大きな保温器をつかっている。これだと保温がうまくゆく。
右頁のように塩を盛り仕込み終えたら家の上座においておく。
3日目に塩をとりのぞきふたを開け、わき具合をみてかきまぜ、又ふたをして4~5日おいておく。
わきあがったらざるを容器におきトノトとシラリに分ける。
酒こし作業が始まります。ざるでトノトとシラリに分けられ、味見役の男がトノトを口に含む…そして「おいしい酒」「ピリカトノト」といえば、この酒はカムイノミの場に出されます。イクパスイを手にしたエカシ（長老）が「どうぞ今年も実り多い年になりますようお守り下さい」と火の神に向って祈りを捧げます。自然の恵みを受け、食べ物は神からのいただきものと、感謝と共に生きてきたアイヌが、その気持ちを失うことなく生きてる現在、私たちはまだ多くのものを学ぶ機会を失っていない。
イクパスイ（酒箆）
トノト（酒）
シラリ（粕）
アイヌの食事（農文協刊・2900円）はおす

鶏に、食用に、それと酒米に。タイ米の使い途
東京 大島仁さん
長く社会派カメラマンとして活動してた大島さんが自給をめざして探しあてたこの島に来て七年が経つ。農のイロハを手さぐりで実践しながら鶏の平飼い、有機野菜の栽培、卵の販売をするがまだ自立とは程遠いと笑いとばす。猛暑にうだったこの夏、しりあいの米屋さんから、鶏の飼料にとタイ米500kgを引き取るハメになった。
うんと冷えたのをキューっと飲る 今日の肴は磯でとってきたトコブシの煮付けだ
散歩がてら、海岸に流れついた流木をひろってきては、電器スタンドや花器を工夫し、つくっている。味わい深いものです。

当初、かくはん機に入れ鶏の飼料に混ぜていたが、何ともやり切れない思いが残る。当然のこと自家用にも使うがとても食べ切れる量ではない。そんな折、若い頃、取材で訪ね歩いてた下北の農家で味わったダクのことを想い出した。夏場、土地の人がカルピスと呼んで愛飲していたドブロクのことを。同じ米だ、できないわけはないと、早速即醸のシャンパン風ドブロクに挑戦。イケル、イケル。ますます自給に一歩近付いて来たぞ。
1993年、冷害で戦後初めて米を輸入する事態になったが、タイ米を中心に輸入した米の消費は増えず用途に困ったというドタバタがあった。
米3合を水2合でかためにたく
市販のこうじ200gをよくほぐしてまぜる
ドライイースト8gを入れる
炊きあがった米を約10分むらし、くみおきしてた水0.85リットルを入れ約40℃の仕込み温度とする
2～3日でわきあがったドブロクを布でこし、びんにつめる
ふたをしっかりしめて、強冷の冷蔵庫で約3時間冷やす
10分前に冷蔵庫からとり出し、フタをゆるめたり、閉じたりしながら、吹きこぼれないように開けながら注いで、飲む。
シュワ～～
今回のつくり方は、小社刊「台所でつくるシャンパン風ドブロク」山田陽一著のつくり方です。

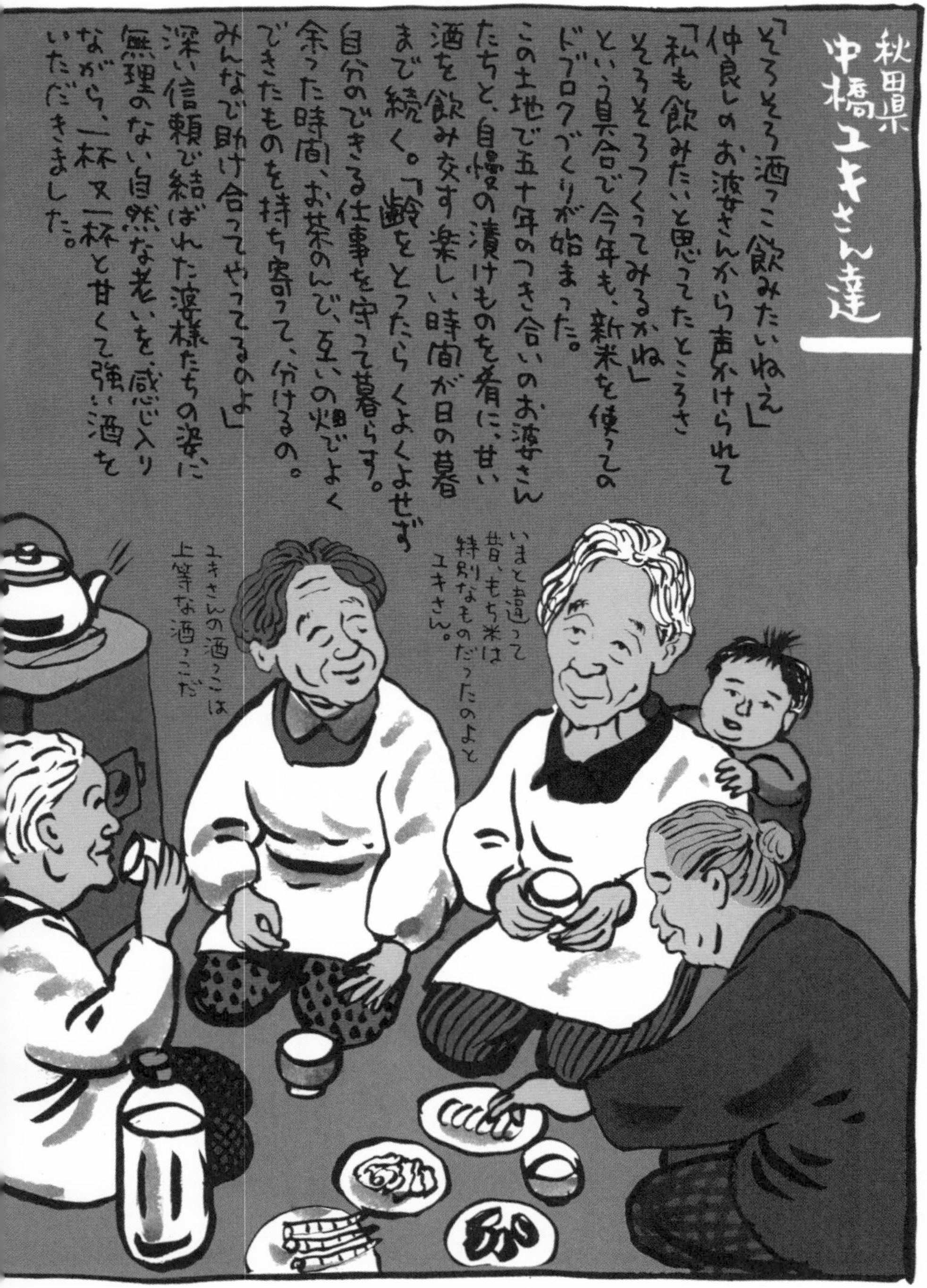
秋田県 中橋ユキさん達
「そろそろ酒っこ飲みたいねえ」
仲良しのお婆さんから声かけられて
「私も飲みたいと思ってたところさ
そろそろつくってみるかね」
という具合で今年も、新米を使っての
ドブロクづくりが始まった。
この土地で五十年のつき合いのお婆さん
たちと、自慢の漬けものを肴に、甘い
酒を飲み交す楽しい時間が日の暮
まで続く。「齢をとったらくよくよせず
自分のできる仕事を守って暮らす。
余った時間、お茶のんで、互いの畑でよく
できたものを持ち寄って、分けるの。
みんなで助け合ってやってるのよ」
深い信頼で結ばれた婆様たちの姿に
無理のない自然な老いを、感じ入り
ながら、一杯又一杯と甘くて強い酒を
いただきました。
いまと違って昔、もち米は特別なものだったのよとユキさん。
ユキさんの酒っこは上等な酒っこだ

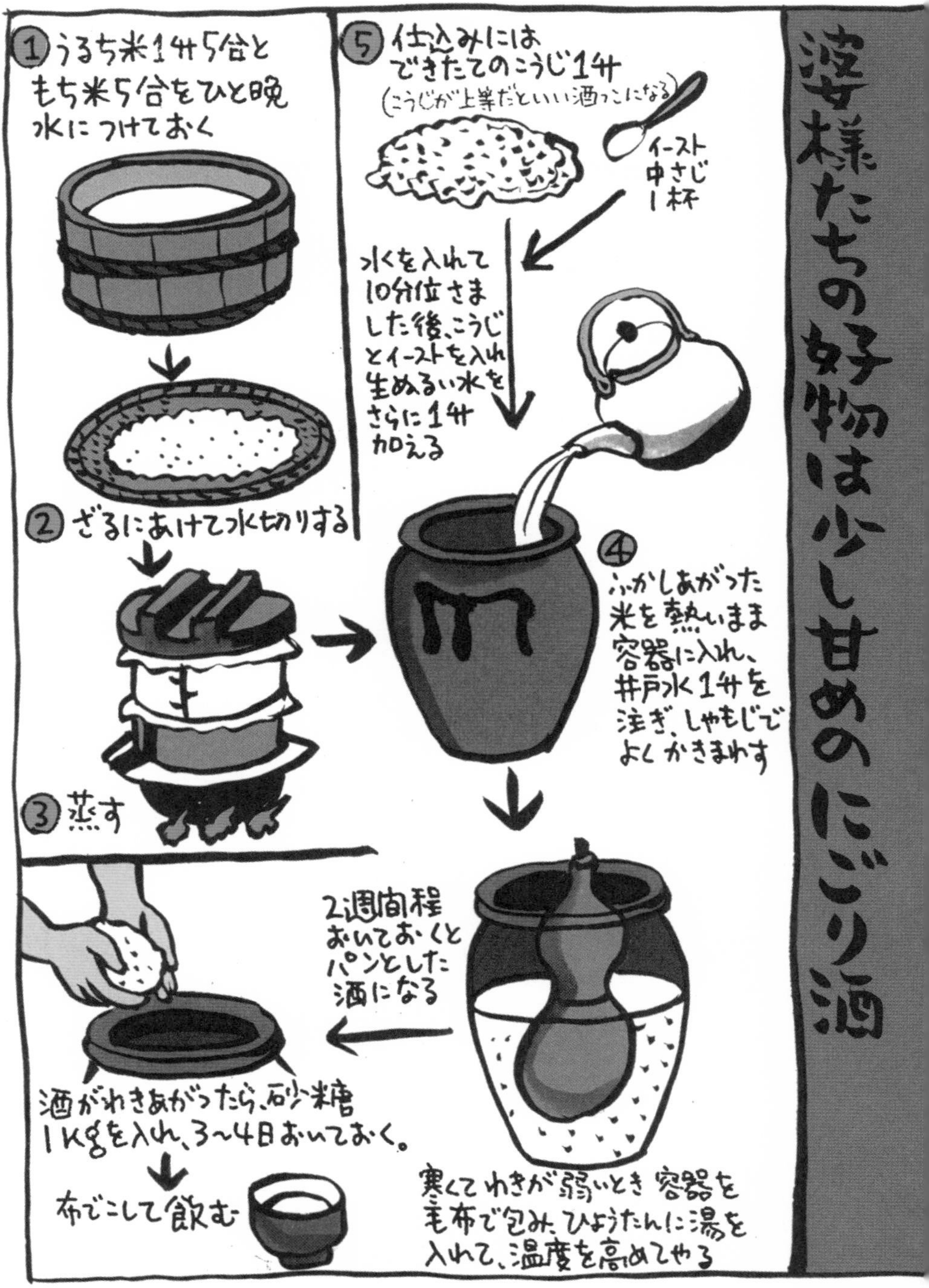
婆様たちの好物は少し甘めのにごり酒
①うるち米1升5合と
もち米5合をひと晩
水につけておく
②ざるにあけて水切りする
③蒸す
④ふかしあがった
米を熱いまま
容器に入れ、
井戸水1升を
注ぎ、しゃもじで
よくかきまわす
⑤仕込みには
できたてのこうじ1升
(こうじが上等だといい酒っこになる)
イースト
中さじ
1杯
水を入れて
10分位さま
した後、こうじ
とイーストを入れ
生ぬるい水を
さらに1升
加える
2週間程
おいておくと
パンとした
酒になる
寒くてわきが弱いとき 容器を
毛布で包み、ひょうたんに湯を
入れて、温度を高めてやる
酒がわきあがったら、砂糖
1kgを入れ、3~4日おいておく。
布でこして飲む

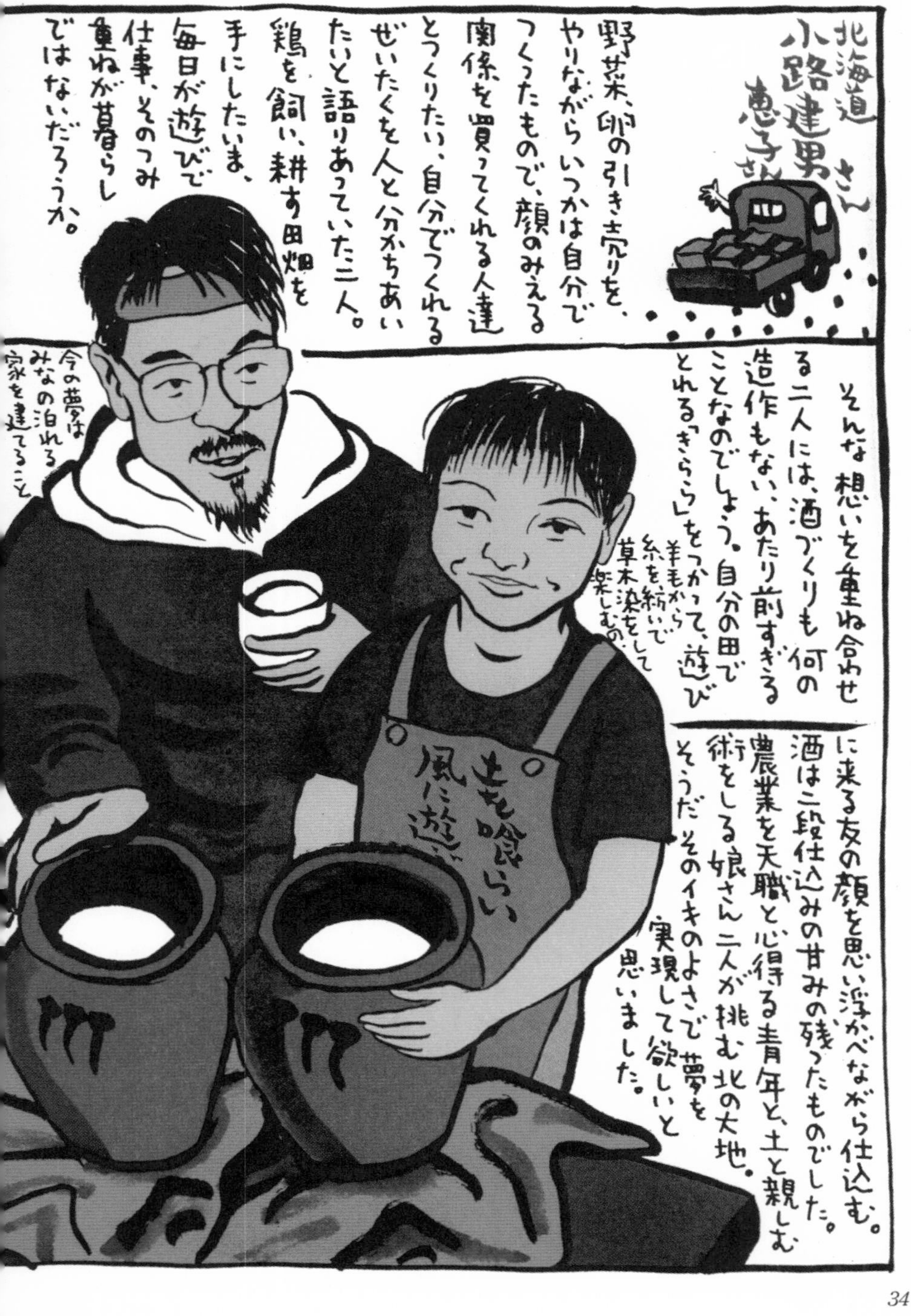
北海道
小路建男さん
恵子さん
野菜、卵の引き売りを、やりながらいつかは自分でつくったもので、顔のみえる関係を買ってくれる人達とつくりたい、自分でつくれるぜいたくを人と分かちあいたいと語りあっていた二人。鶏を飼い、耕す田畑を手にしたいま、毎日が遊びで仕事、そのつみ重ねが暮らしではないだろうか。
今の夢はみんなの泊れる家を建てること
そんな想いを重ね合わせる二人には、酒づくりも何の造作もない、あたり前すぎることなのでしょう。自分の田でとれる「きらら」をつかって、遊びに来る友の顔を思い浮かべながら仕込む。
羊毛から糸を紡いで草木染をして楽しむの。
酒は二段仕込みの甘みの残ったものでした。農業を天職と心得る青年と、土と親しむ術をしる娘さん二人が挑む北の大地。そうだ そのイキのよさで夢を実現して欲しいと思いました。
土を喰らい
風に遊

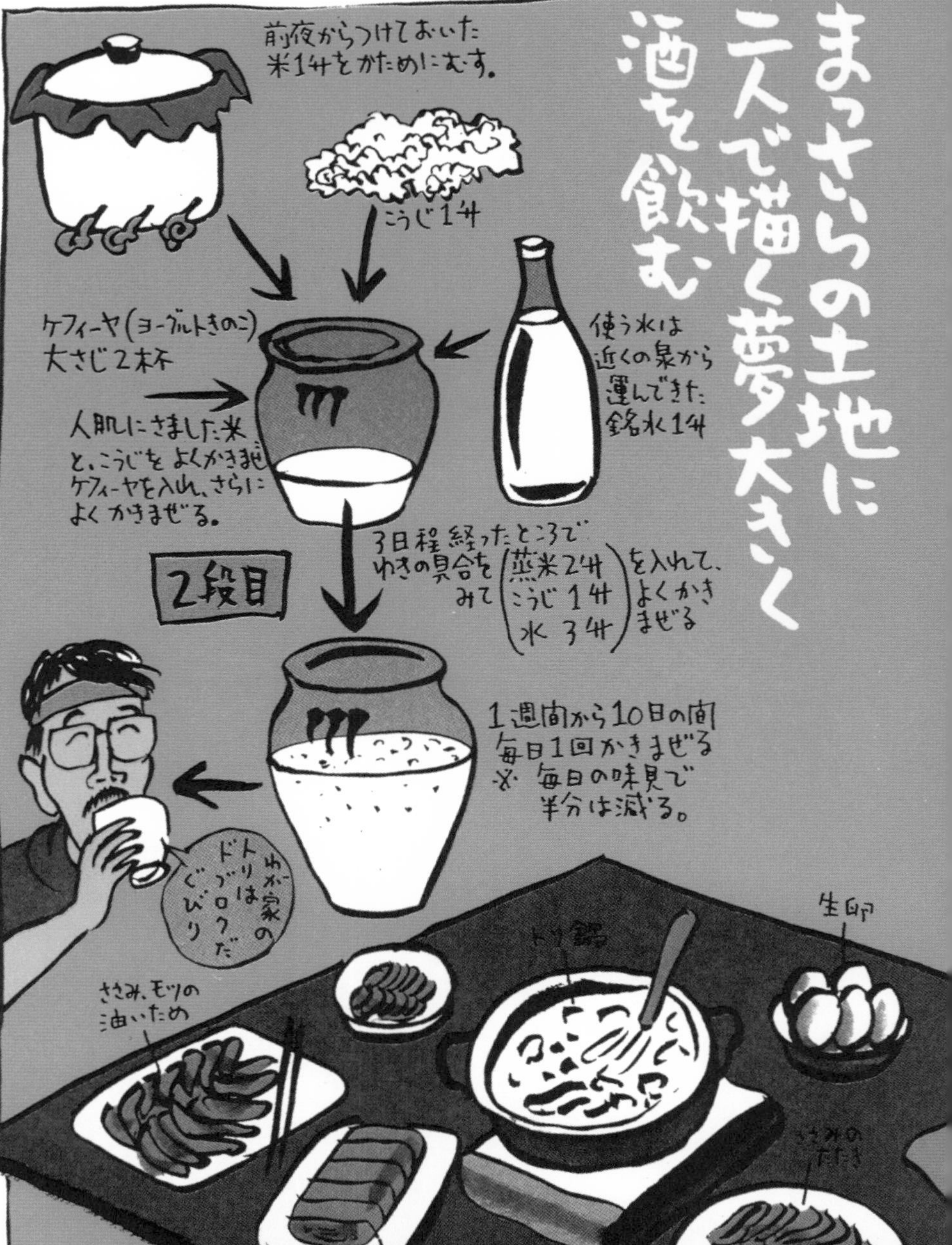
まっさらの土地に
二人で描く夢大きく
酒を飲む
前夜からつけておいた米1升をかためにむす。
こうじ1升
使う水は近くの泉から運んできた銘水1升
ケフィーヤ(ヨーグルトきのこ)大さじ2杯
人肌にさました米と、こうじをよくかき混ぜケフィーヤを入れ、さらによくかきまぜる。
2段目
3日程経ったところでわきの具合をみて
蒸米2升
こうじ1升
水3升
を入れて、よくかきまぜる
1週間から10日の間毎日1回かきまぜる
※毎日の味見で半分は減る。
わが家のトリはドブロクだぐびり
トリ鍋
生卵
ささみ、モツの油いため
ささみのたたき
だし巻き

のこりもちに福がある
京都 塔下やよいさん
濃い山の緑にアンズ、山桜、桃が彩りを
添える春の山に囲まれた村。
この村では、いまでも行事のある度に
何かと、もちが用いられている。
季節折々、よもぎもち、いばらもち、
ゆかりもち、ちまき、かきもちと多様な
もちが暮しの中でいきづいている。
その昔、戊辰戦争の折、村人達は
軍費自弁の民兵隊を組織して
遠く関東にまで足をのばし戦った。
その時の兵の腰に下げられていたのが
この村特産の納豆もちであったという。
栄養は高いし、日持ちはするし、格好の
携帯食であったと伝えられている。
日常のもちのやりとりで、食べ切
れないで冷蔵庫に入れてあった
もちの山をみて、もちも米なの
あん入りの茨もち
納豆もち
かきもちは油であげて子どものおやつに最適。
どぶろくを種に焼いたパン これまた風味なつかしい

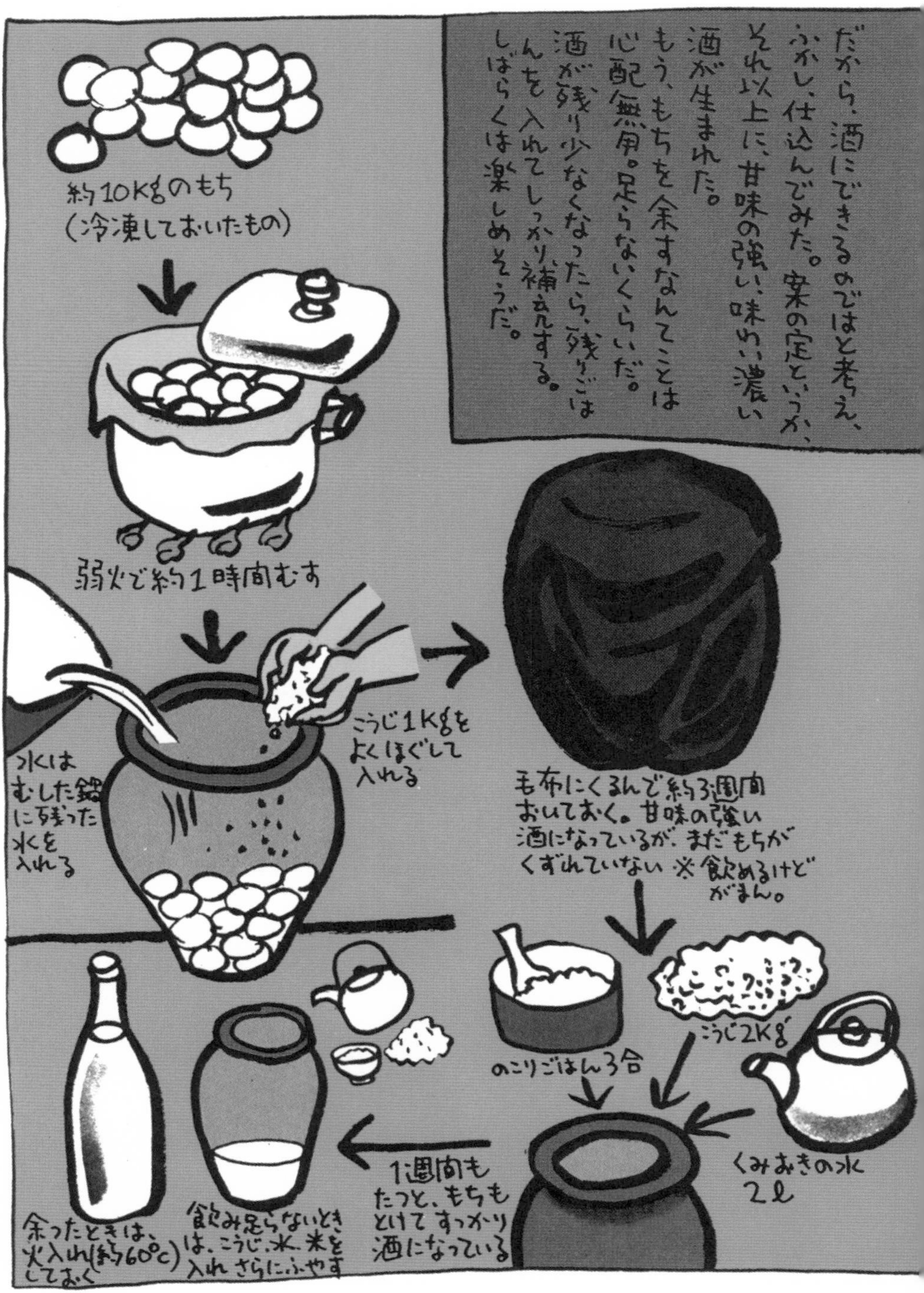
だから、酒にできるのではと考え、
ふかし、仕込んでみた。案の定というか、
それ以上に、甘味の強い、味わい濃い
酒が生まれた。
もう、もちを余すなんてことは
心配無用。足らないくらいだ。
酒が残り少なくなったら、残りごは
んを入れてしっかり補充する。
しばらくは楽しめそうだ。
約10Kgのもち
(冷凍しておいたもの)
弱火で約1時間むす
こうじ1Kgを
よくほぐして
入れる
水は
むした鍋
に残った
水を
入れる
毛布にくるんで約3週間
おいておく。甘味の強い
酒になっているが、まだもちが
くずれていない ※飲めるけど
がまん。
のこりごはん3合
こうじ2Kg
くみおきの水
2ℓ
1週間も
たつと、もちも
とけて すっかり
酒になっている
飲み足らないとき
は、こうじ、水、米を
入れ さらにふやす
余ったときは、
火入れ(約60℃)
しておく

発芽玄米を麹にした麦酒《むぎざけ》づくり

千葉県 穂田波男さん ―

教師生活の傍ら、始めた陶芸。もはや趣味とは呼べなくなった陶芸に使う場所を求めて、杉に囲まれたこの村にとうとう引っ越しまでしてしまった。と同時に長年あたためていた農的生活の実践も始めた。ぶどうの木を植えワインを仕込む。林の中にはエノキ、シイタケを栽培といった具合だ。ここまでやれば、残るはドブロクづくりしかない。

ワインづくりは年季が入っているが

発芽玄米酒は麹臭のないあっさりした酒ですね

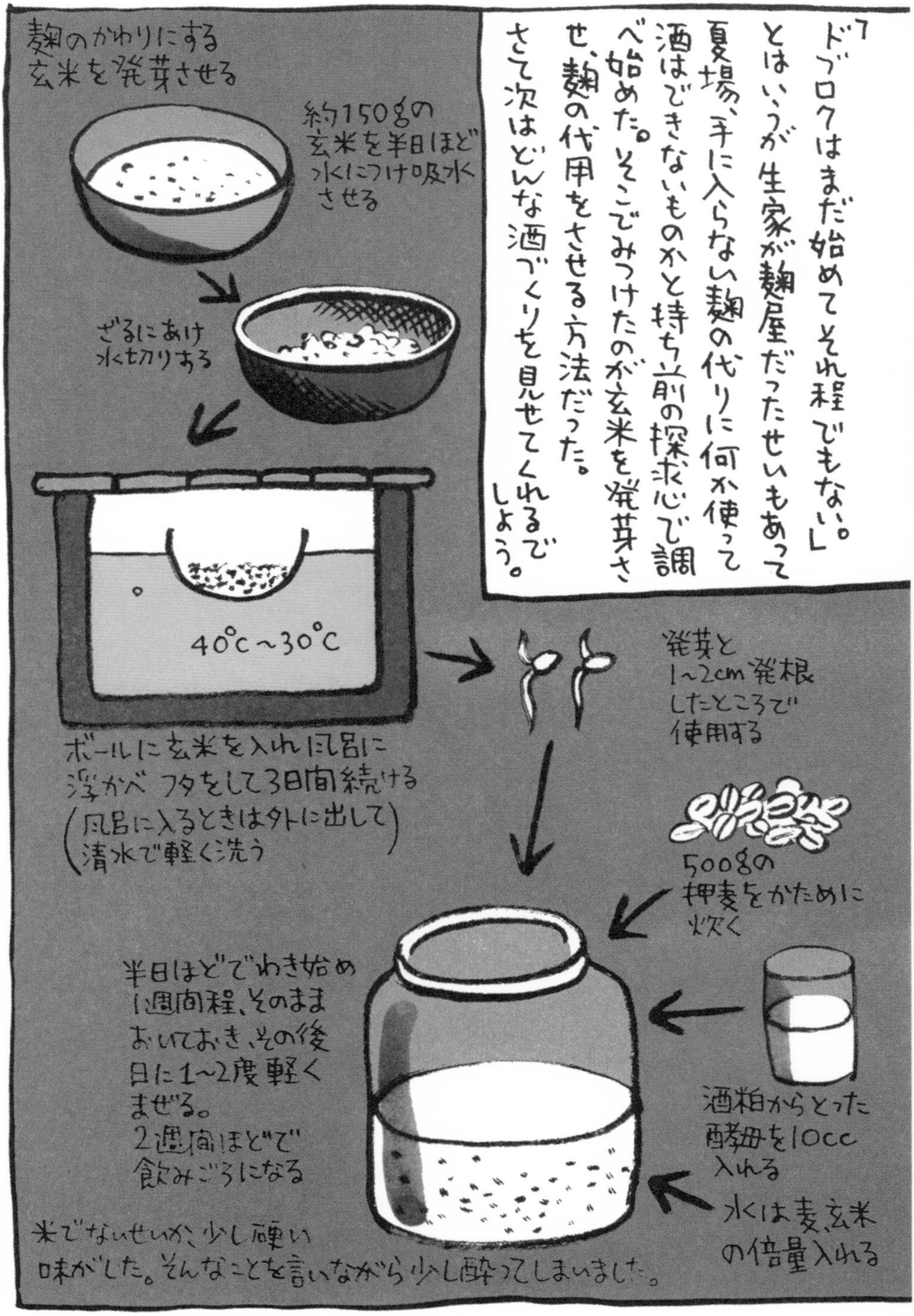
「ドブロクはまだ始めてそれ程でもない」
とはいうが生家が麹屋だったせいもあって
夏場、手に入らない麹の代りに何か使って
酒はできないものかと持ち前の探求心で調
べ始めた。そこでみつけたのが玄米を発芽さ
せ、麹の代用をさせる方法だった。
さて次はどんな酒づくりを見せてくれるで
しょう。
麹のかわりにする
玄米を発芽させる
約150gの
玄米を半日ほど
水につけ吸水
させる
ざるにあけ
水切りする
40℃〜30℃
ボールに玄米を入れ風呂に
浮かべ フタをして3日間続ける
（風呂に入るときは外に出して
清水で軽く洗う）
発芽と
1〜2cm発根
したところで
使用する
500gの
押麦をかために
炊く
半日ほどでわき始め
1週間程、そのまま
おいておき、その後
日に1〜2度軽く
まぜる。
2週間ほどで
飲みごろになる
酒粕からとった
酵母を10cc
入れる
水は麦玄米
の倍量入れる
米でないせいか、少し硬い
味がした。そんなことを言いながら少し酔ってしまいました。

岡山県 小島明さん 紀子さん

夏場はすっきり発泡性白濁酒に限ります

海からの風が一気に抜ける部屋でギンギンに冷やしたびんを開ける。とっておきの時間の始まり〱。白濁の液がグラスを満たす。甘酸っぱい香りが拡がる。と書けば、何やらCMの一場面のようだが、何を隠そう正真正銘

酒カスでパンを焼くときはどんな風になるかドキドキするわ
炭酸のきいたさわやかな味これは夏限定のオタノシミ

のドブロクをいただいてるところなのです。

仕事が休みの午後は妻君の焼くパンをつまみながら、ライト感覚の自己流どぶろくを傾けるのが楽しみの時間というわけだ。

二人して道楽といえば、食べること、料理することというだけあって、調理しやすく工夫された台所、おいしいパンを焼くために作った手製の石ガマ……と自分達の暮らしに緊張感と潤いを与えつつ風通しのよい関係を二人してつくっている。

ことば通りのスッキリした味わいでした。

精米機で白米にしたものをすぐに洗い、
圧力ガマで15分むし、むらしに15分。
水約2ℓ
近くに湧く
銘水を使っている
市販のこうじ2合
よくほぐして入れる
夏2～3日たったら
しぼってびんに移し
冷蔵庫で、ゆっくりと発酵させる。
2～3日を目安に飲む。コツは毎日1回、栓を開け、泡抜きをして暴発を防ぐ。
酒種
大さじ1ぱい
割烹を開いている友人がつくった濁酒をわけてもらい、酒種として使っている

長崎県
広野計さん敬子さん
離れ島に居を移して十余年。サラリーマン
生活に見切りをつけ、以前から準備してた
農業を実践すべく探し求めた土地だ。
ここで豚を飼い、田を起し、
定点観測の田舎暮らし
から、グローバルに地球を
計っている。もちろん自活
できてこその暮らしだ。
無農薬、有機農法から
とれた、米、野菜、ハム…の
産直も軌道にのってきた。
農生活から生まれる日々
の雑感をミニコミとして送り続け、
そのペン先は鋭く、時にやさしく人々に
訴えかけている。できるものは、全て
自分の手でという二人にとって、酒を
自家醸造することは、みそ、しょう油
をつくるのと同じくらい、あたりまえで
楽しい作業だ。と同時に「主食の
ごはんをさいて つくるのだから
九州に来たからには
いも焼酎。昔なつかしい味は
手づくりでこそ
ここは
水がいいから
飯も酒もうまい
酒カスからつくるパンは
ふっくら甘ずっぱく
子供たちに
大好評
なの

焼酎をつくる
「そりゃ、大事につくります」と語る。
それと、いまこっているのがビールづくり。
市販のキットからつくるのだが、一回に
250ℓ位はつくる。ビールづくりで一番、気
を使うことといえば、容器をしっかり
エチルアルコール(60%)で消毒することです。
味は市販のものよりずっとコクがある。
それと九州といえば、いも焼酎！
これは奥さんがつくる。それも一度に
50Kgものいもを使うのだから大変だ。
それも上手くできたことを想えば
楽しいことよと笑い合う。
いも50Kgをよく洗う
いも15Kgをサイの目に切って中にしんが残るくらいにむす
水を加え、30°C位にして6日間おいておく 毎日、かきまわす
裸麦でつくったこうじ2升
仕込みのときモトとして入れる
※どぶろく用には米こうじをつかう
いも35Kgをサイの目に切ってしんが残るくらいにむす
白砂糖1Kg入れる
麦こうじ3升
イモが30°Cになるくらいまで水を入れる
4斗だるに10日〜14日間、毎日、味見をしながらかきまわし、どぶろくのいい香りになったらしぼって蒸留する
冷水
排水
布ですき間をふさぐ
タルでつくった自作の蒸留器
しぼった汁を入れる
最初の一滴、花酒とよばれる度数の高い酒、全く天からの贈り物の如に香り味わいの酒
50Kgのイモから7〜8升の焼酎をとる
イモの香の強い昔なつかしい味わいです。

泡盛から醸す酒　ミーリン酒《チュ》

沖縄・石垣島　前花友宏さん

3年もカメにねかせたミーリン酒は、そりゃ甘みほどよい旨い酒だよ

この酒の名のいわれは、みりんの色に似ているという説と、もろみのことをムルンという方言からムルン酒が変化してきたという説がある。

カメはその昔、女の人と交換した民謡があるくらい大切なものだった。前花さんのカメは、生まれる前から家にあった南蛮カメです

沖縄が世界に誇る酒、泡盛は16世紀の半ば頃、南蛮カメと共にシャムから伝わってきたといわれています。以来どこの家でも自由につくられてきたが、明治の酒税法により、自家醸造はすたれてきた。一方で、各村に最低ひとつ醸造所はある位、泡盛は島民の酒として親しまれ、飲まれてきた。

今回、登場のミーリン酒は、泡盛をベースにもち米のこうじを加えてつくる甘味強く、まろみのある、石垣島に古くから伝わってきたぜい沢な酒です。このつくり方を伝える前花さんによれば、米はおろか、食事さえ満足にとれなかった昔、島一番のお大尽の家に奉公にいった祖母が、もち米と泡盛でつくる甘い酒に仰天し、いつかは家の者に味わわせてやりたい。この酒をつくれる程の家にしたいと働いたそうです。その甲斐あって、前花さんの家では、家族縁者の祝い事のある度にカメからミーリン酒がふるまわれるのが慣わしとなっています。

泡盛一口メモ

昔は米が少なく、粟からつくっていたので粟盛というのと、酒ができるとき泡が盛りあがるところから泡盛という二説がある。大正期から外来の砕米を使って、黒こうじでもろみをつくり、蒸留する。最初にとれる度の強い酒を花酒と呼ぶ。その次にとれるものをアームリという。5升のもろみから花酒1升、アームリ1升がとれる。

まず、こうじをつくる
今年86才になった太呂じいさん。「まれ年」といわれる85才の日には一族をあげて、ミーリン酒で長寿の祝いをした。今度は百才のお祝いを村をあげてやることだろう
もち米3升をひと晩水につけておく
次の日、水切りして蒸す
新聞の上にむしろをひろげ米をおいてこうじのつくのをまつ
4～5日から1週間でびっしりとこうじがついている
黄こうじがつくか黒こうじがつくかは時々によって違う
あわもり
デェゴの木からつくるフタ。
もち米1に対し、泡盛（35度）2の割合で入れる（今回は6升）
仕込み終えたら1週間から10日の間、毎日1～2回かきまぜ、その後はデェゴのフタをしっかりしめ、約3カ月暗い所においておく。
3カ月たつと、かめの中で酒は三層に分れている。かきまぜないで上層の澄んだ酒をすくって飲む。残りは調味料としても使う。
透明な酒
こうじの花
米つぶ
仕込み量の1/3しか飲まないぜいたくな酒です

東京 李幸子さん

リンゴ入りのマッコリは味涼やかにして腰ぬけた。

在日二世の李さんの酒との出会いは、敗戦直後の焼跡時代にさかのぼる。誰もが食べるのに必死だった当時、隣の人がつくるマッコリを見よう見マネでつくったら、お嬢ちゃんの酒はうまい、おいしいと評判になり飛ぶようにさばけた。もっともそれを知った親にきつく叱られ即座にやめさせられてしまったが。

酒づくりの腕ばかりか、味の基本であるキムチづくりや、ちょっとしたアイデアを盛り込んだ様々な料理の見事さは

私の生まれた所では仕込み終えた酒を
1と2のつく日には東においてはいけない 3・4は南・5・6は西 7・8は北においてはいけない 9と0はどこにおいてもよいといわれてるの。それと妊娠中の人はつくれなかったわねえ
ざるにもろみごと入れへラで押ししぼる
マッコリはどんぶりで一気に呑まなきゃほんとの味はわからないわよ

さらに評判を呼んだ。韓国のポピュラーな料理として知られるチヂミにしても一般には小麦粉を水でといて、きざんだニラを入れ焼くのだが、李さんのは小麦粉7対もち米の粉3の割合に、シジミのだし汁でとく。ニラも切らずに並べて焼くといった具合だ。出来あがった酒や所狭しと並べられた料理を前に、美味とは、手捌きの見事さとみて、人を温くもてなす気分が喜びとなり……などと少しばかり酔いの回り始めたアタマで考えようとしたが、それより舌の方が、早く口に入れろと鼓をやかましくうち鳴らすのでありました。プハーッ、もう一盃！

イーストを中さじ1杯
ぬるま湯を少しずつ加えながらまぜ、ひたひたになるまで入れる
毛布でしっかりくるんで熱を逃がさぬようにする 3日間そのままで、
もち米1升炊いて熱いうちに入れる
こうじ1升よくもみほぐして入れる
毛布にくるみ、1日1回よくかきまぜてやる 3〜4日たつと飲めるようになる
リンゴ2個を細かく切って入れかきまぜる
しぼる前に上に浮いたあわ、リンゴを取り除く

オモニのつくるマッコリには古里の匂いが活き続けているぞ
大阪 金文淙さん
日本占領下の朝鮮・光州から渡ってきて五十年余の時が経った。在日一世のオモニの古里とのつながりは、キムチに、マッコリをつくり続けてきたこと。そしてみそしょう油も。その時欠かせないのがヌルである。ヌルは麦芽を乾燥させ固めたもので、酒づくりにヌルを入れることで、わきが強く、マッコリ独特の香りが出る。ほんとにおいしくできた時はぷーんとスイカの匂いが部屋中に漂ってくるという。お米も、もち米
マッコリをこさないで米つぶの浮いたままの酒をとんどん酒というのよ
いまでもキムチ、みそしょう油みんなつくるよ
マッコリとは大ざっぱにこした酒の意

を使いたいけど、高くなって手が出ない、
と嘆く。それでも異郷の地で精一杯
生き抜いたオモニの味へのこだわりは
古里を知らない子どもや孫たちへも
しっかり染みつき、伝わっている。
キムチ肴に一杯のマッコリ、腰をとられた
ヌルを使う前 表面のカビをタワシで落す.
炭火で表面を軽くあぶる
イースト 5g
くみおいてた水10升を入れ、人肌ぐらいにする
前日からつけておいた米3升をふかす
金づちで細かく砕く
(500g位入れる)
(米こうじを入れないでヌルを米と同量入れることもある)
市販の米こうじ3升をよくもみほぐす
寒いときは毛布を巻いて温度を一定に保つ
仕込み終えたらかきまぜないでそのまま1週間から10日ほどおいておく
できたマッコリはしぼってどんぶりで一気に飲む
プハー

9 韓国済州島 キムカプスンさん

韓国の最南、東シナ海に浮かぶ済州島。香川県ほどの大きさで、島の中心に韓国最高峰、漢拏山《ハンラサン》をいただくこの島は、古来、三多（風、石、仂き者の女が多い）三無（家のカギ、門、ドロボウが無い）の島と呼ばれ、他の地域とは違う独特の生活文化を保っていた。又、日本の海女漁はこの島から始まったといわれるように日本とも、結び付きの強い島です。

この島の中に昔ながらの集落が民俗村として残されている。石と木と泥でかためた茅ぶきの家々が

↑「チョンナン」棒
棒の片方が地面におろされていれば在宅のしるし。
村の入口に立つ石像 トルハルバン
しぼりカスを干して、丸めたものを、野外に出かけた時、お湯でとかして飲む。それを「カン酒《スル》」という

長い風雪に耐え、いまなお生活の住まいとして、見事な佇いを伝えている。田のない島は、そば、粟、サツマイモなどを栽培し、それらから、島独特の酒をつくり出し、現在に伝えている。村の食堂で働くキムさんはこの村に嫁いで三〇年、伝統の粟酒を伝える数少ない一人です。酒をつくる手は、話しているときも、休まずに次から次へ手順をこなしてゆく。ほんと働き者の女でした。

三多三無の島にまことすみやかに醸された粟酒がありました

粉にした粟7Kg
鍋を弱火にかけたまま、粟粉を熱湯で少しずつとかしてゆく（約13lの湯）
こうじをつくる
小麦粉に水を加え丸いもちをつくる
台所に10〜15日間おいておく
中までびっしり菌が生えている
木槌で布の上においたこうじを粉々にする
とかし終えたら1日おいておき、粉にしたこうじを入れて、よくかきまぜ5日間おいておく
わきあがった酒はざるでこして飲む

水は天からもらい水
酒は寺からもらい米
タイのサートウは
甘いあまい濁り酒
田植えを終えたばかりの水田が広がるタイ・イサーン。
かんがい設備の不十分なこの辺りでは、雨期の雨頼りの
田植えです。タイも森林を切って田畑を広げたせいか
雨も充分降らない年が多くなったと聞きました。
もち米単作のこの土地にはどんなドブロクがあるのだろう。
興味津々やってきました。日々の暮しにしっかりと
根づいている仏教。朝になれば人々は
手に手に、米、スープ、魚、野菜、果物……
をお寺に持ってゆきます。
そして読経を終えた
お坊さんに食事
をしていただ
いた後、村人
達は車座に
なってお寺で朝食です
余った食物は各々家に
持ち帰ります。今回の
お酒も余った
ごはんから
つくった
ものです

パエーンとよぶ
こうじ玉3個を
炭火で軽くあぶる
もち米をむす
なべに水を入れ上の米をむす
コンロ
パエーンを
さじのうらで
粉々にする
冷めた米を水を
ふりかけながら
よくもむ
パエーンを
米の上にまん
べんなくふりかける
米をかめの中に入れ
ボール1杯ほどの水で
手についた米を洗い、
かめに流し込み、
よくもむ
（水はこれだけ）
仕込み終えたら
布でフタをして
台所においておく
3日ほどで、少し
甘くなり、1週間
でサートゥになる
布でこし、しぼって
飲む。味は甘味の
強い酒でしたが、度は低いように
思いました。コークンカップ
（ありがとう）
水は屋根を伝って落ちる雨水
をトタンに受けて、かめにためて
おく。

ブータン
チュディンさん
ヒマラヤ山中
龍の国ブータンには
チャンと酒があった
国土のほとんどが険しい山の国、ブータン
モンスーンの季節がくると、山肌に拓かれた
棚田に水がたまり、一斉に田植えが始まる。
田のあちこちに花の咲いたように、働く人の衣が
あざやかに眼に映る。日本が農の国であった
だろうなつかしさに刻を忘れてしまいそうです。
人々の顔にも、隣のおじさん、おばさん、子供達と
いってしまいそうな位、同じだと感じてしまい、
日本人起源をこの国ブータンに拠る意見に
ひとり納得します。ブータンのどぶろくは
チャンとよばれ、広く照葉樹林帯に位置する
土間で、小麦にこうじをまぜている

地域共通の、米麦、雑穀と麹を使うつくり方です。今回とりあげたチャンは小麦からの酒で、味はさっぱりして、やゝ甘味のある飲みやすいものでした。他にも、赤米や白米からつくるチャンや、アラという蒸留酒もつくられています
昔、村から村へゆくときには人々の肩には酒瓶がかけられていた
竹製
木製
水牛の角
容器の中に竹筒を入れ、しみ出たチャンをすくって飲む
タシデレ
（乾杯）
小麦10Kgを約1時間煮る
煮えた小麦を布の上に拡げ2日間そのまゝおいておく
夏場で1週間ぐらい冬で20日間ほど、台所においておく
ペクテリとよぶ麦麹100gを細かくくだいて、まんべんなくよくもみ込む
ビニール袋に入れ発酵させるやり方もある
この方法も1週間～20日間おいておくとりっぱに酒になる。

魔除けの赤とうがらしを忘れると酒《トオン》はできない
ネパール
ゴパールさん
赤いとうがらしを入れておくのはいたずら好きの悪魔が酒の方に気を向けないようにするおまじない
たたきつけるような雨が突然襲う。直後天からギラリ射し込む光に、寺院の壁の巨大な眼がこっちを向く。辻々に開かれた市場に寄せられた人、人、人。ほこりが舞う、雨が一気に洗う。雑然、混沌の臨界都市ネパール・カトマンズ。この街のあちこちにみられる仏教版画をつくっているゴパールさんの家で、どぶろくづくりを見せてもらう。この国も、米麦雑穀を使ってつくるどぶろくが広く飲まれている。今回は米を蒸してつくる酒をみました。カトマンズの人達は、自分達のつくるどぶろくをトォンと誇らしげに呼びます。いまでも祭、結婚式、新年…とその日にあわせてつくります。
市販の酒類の値段の高いこの国では、それぞれの家で、トォン、それにロキシーという焼酎も手軽につくられている。
仕込み終えたカメの中に、オキを入れたり、赤いトウガラシを入れるなど、神をおそれ、うやまう一方で、充分発酵の性質をとり入れた酒づくりであること等々興味はつきないアジアの酒づくりでした。
仕込み終えたら部屋の入口にほうきを立てかける。
悪さをする霊はこのほうきで、はき出してしまうぞ！
飲むときはトォンを4～5倍の水でうすめると飲みやすい。

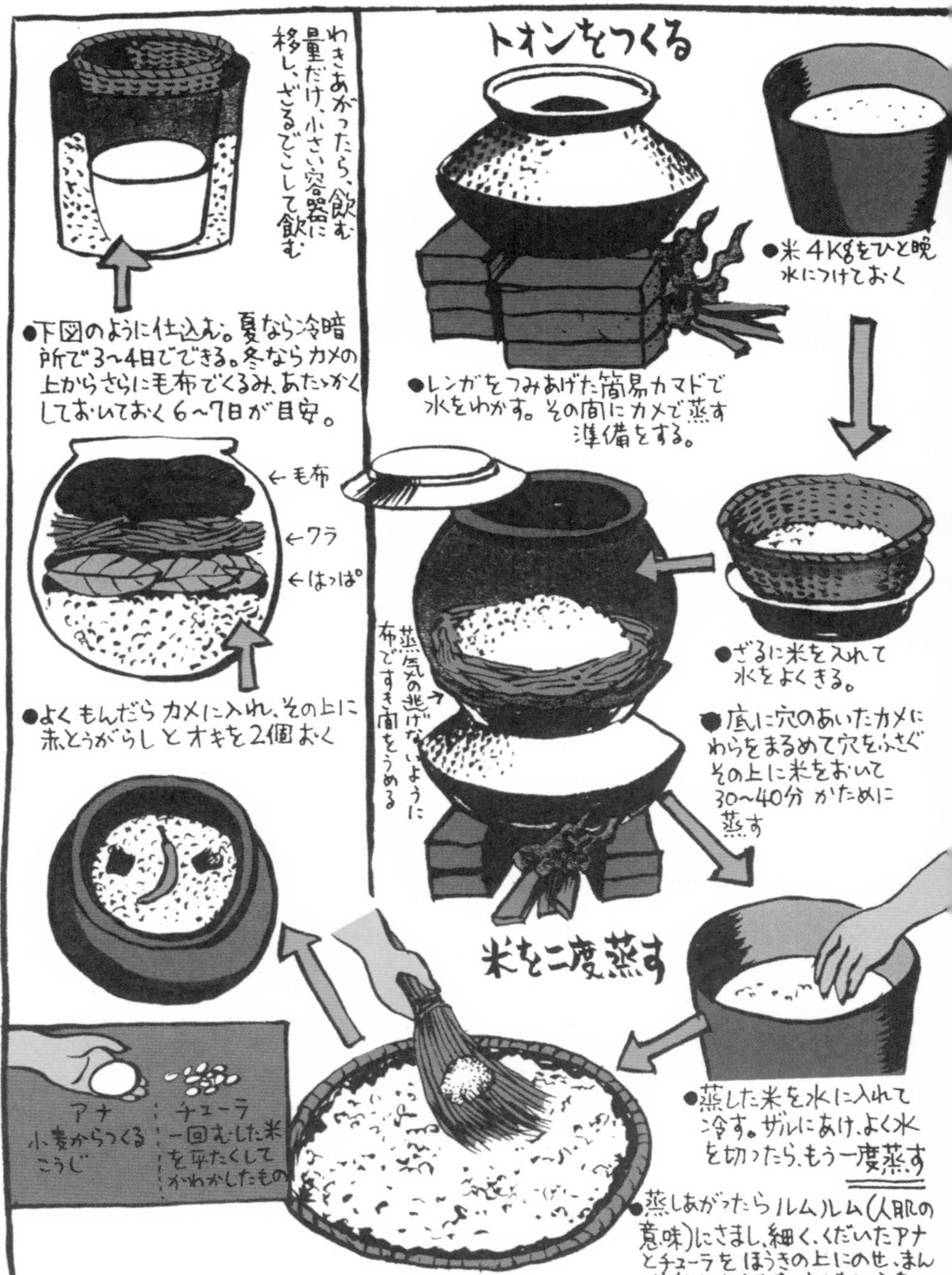
トオンをつくる
●米４Kgをひと晩水につけておく
●レンガをつみあげた簡易カマドで水をわかす。その間にカメで蒸す準備をする。
●ざるに米を入れて水をよくきる。
●底に穴のあいたカメにわらをまるめて穴をふさぎその上に米をおいて30～40分かために蒸す
蒸気の逃げないように布ですき間をうめる
米を二度蒸す
●蒸した米を水に入れて冷す。ザルにあけ、よく水を切ったら、もう一度蒸す
●蒸しあがったらルムルム(人肌の意味)にさまし、細く、くだいたアナとチューラをほうきの上にのせ、まんべんなくばらまき、よくもみ込む
アナ 小麦からつくるこうじ
チューラ 一回むした米を平たくしてかわかしたもの
●よくもんだらカメに入れ、その上に赤とうがらしとオキを2個おく
←毛布
←ワラ
←はっぱ
●下図のように仕込む。夏なら冷暗所で3～4日でできる。冬ならカメの上からさらに毛布でくるみ、あたたかくしておいておく6～7日が目安。
わきあがったら、飲む量だけ、小さい容器に移し、ざるでこして飲む

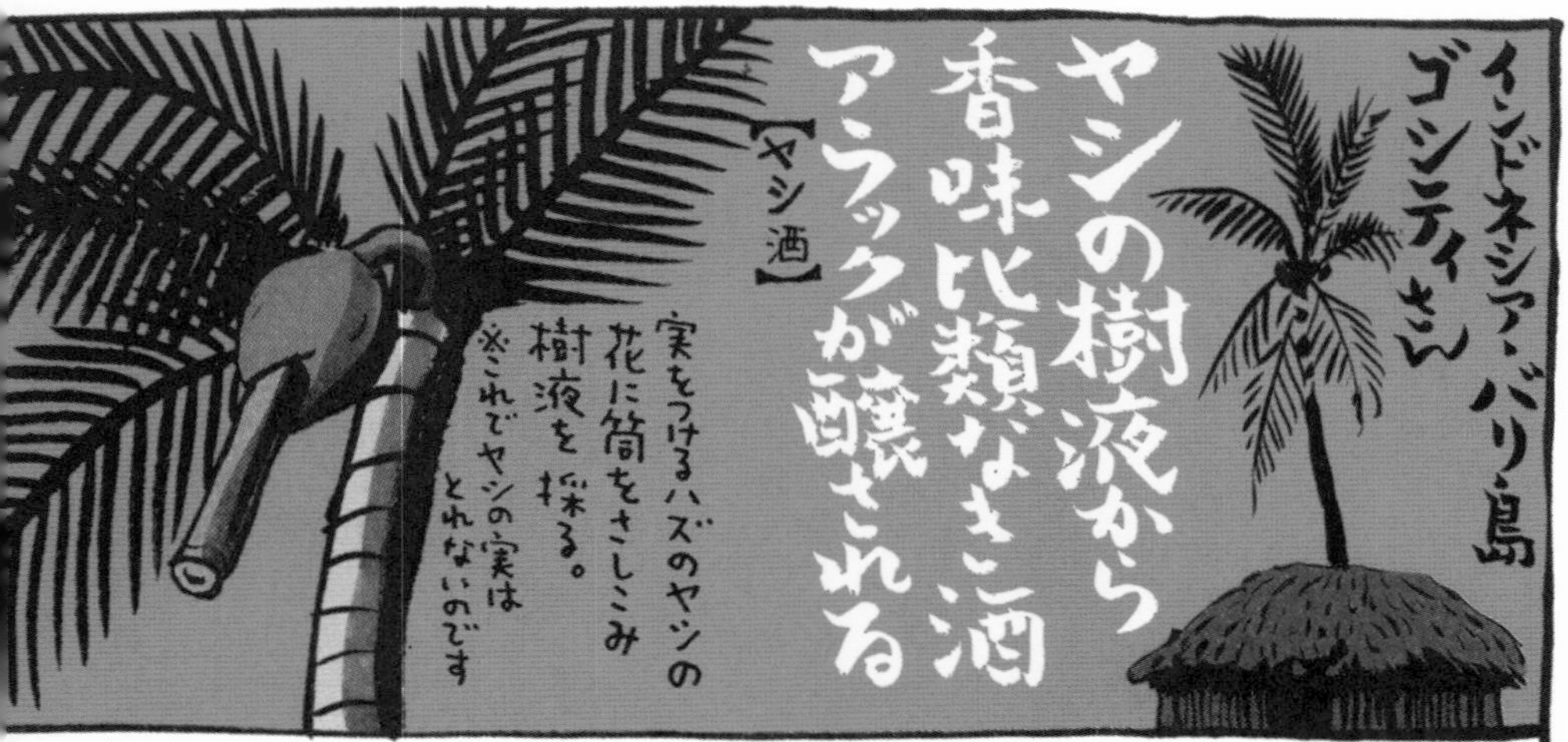
インドネシア・バリ島
ゴシンティさん
ヤシの樹液から
香味比類なき酒
アラックが醸される
【ヤシ酒】
実をつけるハズのヤシの
花に筒をさしこみ
樹液を採る。
※これでヤシの実は
とれないのです

毎日、どこかの村から、祭の囃子のきこえてくる美しい棚田の拡がる島、バリ。畔に立ち並ぶヤシの木。鳥の羽音に身構え、宵の深さに眼をこらし、精霊の出を待つ日常のある島。儀式に欠かせぬのが、洋の東西を問わぬ酒。バリにもありました古来よりの酒アラック。そびえ立つヤシの木に咲く花に竹筒をさして、12時間かけて採れる樹液が竹筒1本。3日間かけて、6本の木から約20ℓの樹液をタンクに集めます。タンクに入れられた液は、すぐに発酵を始め、甘い香りが立ちのぼります。これはトゥアックと呼ばれていますが、まだまだ酒ではありません。それを何とも

アラック
ゴシンティさん
ヤシの実のじょうご

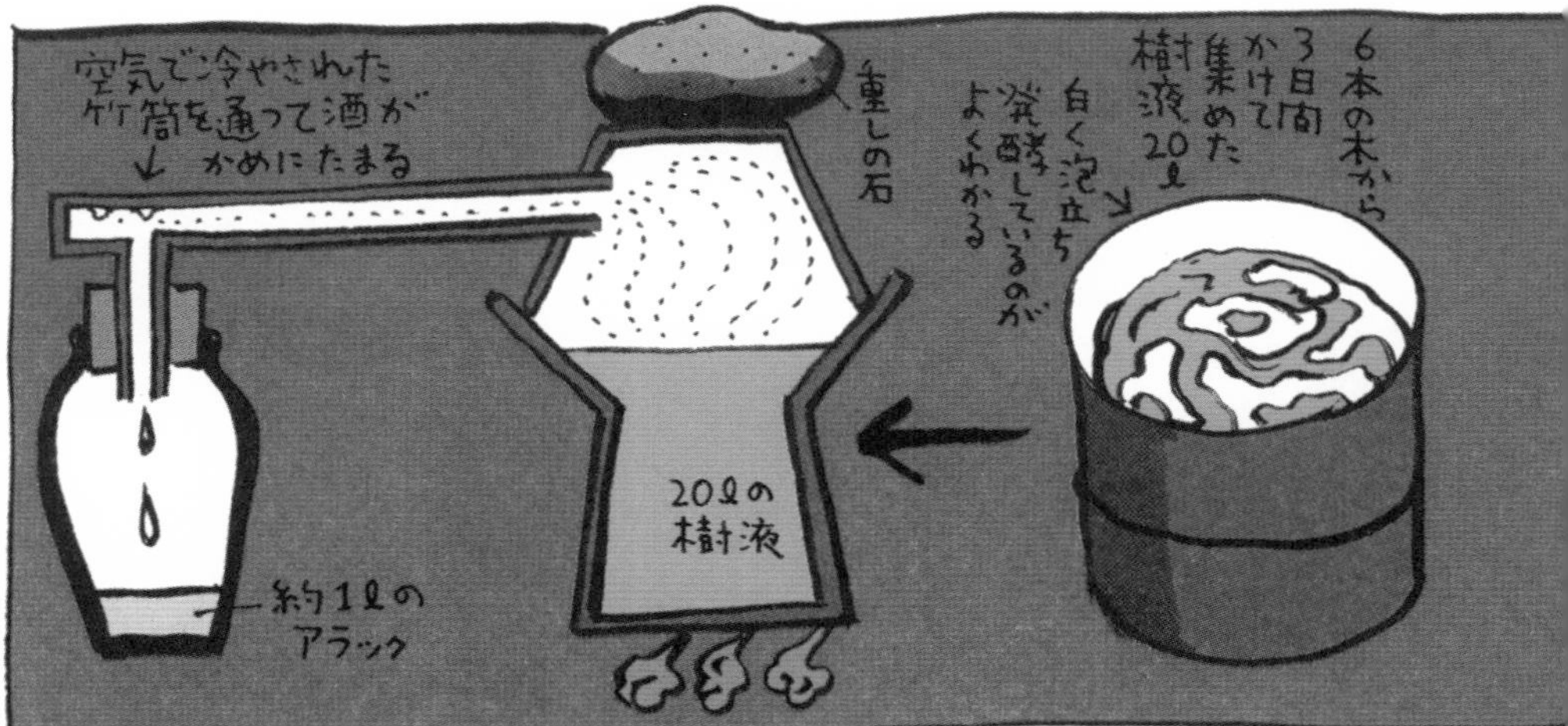
空気で冷やされた竹筒を通って酒がかめにたまる
重しの石
6本の木から3日間かけて集めた樹液20ℓ
白く泡立ち発酵しているのがよくわかる
20ℓの樹液
約1ℓのアラック

シンプルな造りの蒸留器に入れ煮立てるとやっと1ℓ程のアラックができあがります。口に含むとほのかな果実臭と60度はあろうかという強い酒精が身体中をかけめぐり始めます。ヤシの木6本分をムダにしてつくられる何ともぜい沢な酒だわいと酔いの中で感じ入りました。

バリにはもち米からつくるブルムというどぶろくもありました。手順は私達のつくる酒と変わりませんが、仕込む際に全く水を加えないでつくり、醸すときにバナナの葉を多用するのがいかにも南の島の酒らしいと、これまたおいしくいただきました。ごちそうさま

ブルム
祭りには欠かせないものよとナスティさん
水を加えずに発酵させた米をバナナの葉にくるみ重石をおきひと晩かけてゆっくりしぼる
前夜から水につけておいた3kgのもち米を、3回水を替えて洗う。1時間後にむして、人肌にさました米にラギ(麹)をふりかけて発酵させる
ヤシの葉の敷き物
バナナの葉を敷いた容器に米を入れ、フタをして3日間おいておく
しぼって、ビンに移し3カ月ほどおいておくと、薄茶色の発酵のすすんだ強い酒になります
しぼった後の米は菓子の材料として市場で売る
2ℓのブルムがとれる

ポルトガル
白ワインづくり
一〇〇〇リットルほどつくる自家用白ワイン
マリアさんの朝は早い。常春の地といわれているこの地でもこの時期、朝晩の冷え込みは相当なものだ。暖炉に火を入れ部屋を暖め、スープを火にかけている間に、豚、羊、ロバ、鶏、あひる、犬、猫の食事をつくってやり、手際よく掃除を済ませ、家族と朝の食事だ。全く
10坪ほどの納屋の中はさながら酒倉のようで、デポジット(貯蔵桶)、しぼり器、たるが置かれ、壁にはブロックを利用したワイン棚にびん詰めされたワインが静かに飲まれる時を待っている

流れるような見事な働きぶりだ。そして昼は畑仕事に精を出し、時には頼まれて、人の畑も手伝う。ぶどう酒の仕込みの頃は、どこの畑も猫の手も借りたい位の忙しさが続く。その間に、自家用ワインの仕込みをする。マリアさんのつくっているぶどうは「いちごぶどう」とよばれる白ぶどうで、甘味の強いフルーティなワインを醸す。仕込んだらその年の内に飲んでしまうヌーボーワインだ。多い年には1000ℓほどできたが、ここ数年の天候不順のせいか、今年も400ℓしかとれなかったと嘆く。たるに残っていたワインをお願いして、グラスについでいただき、さっき焼きあがったばかりのパンをつまんでいると、つましい暮しの健康さがじわーっと口の中に拡がってくるのをしっかり感じていた。

つみとったぶどうをデポジットに投げ込む
足でつぶす
歩かない子どもを早く歩くようにとぶどうを踏ませる習慣を残している
しぼり器に入れてしぼる。これは男の仕事
貯蔵たるに入れる。
週に1度、1週間分のパンを石釜で焼く

ニコライ爺さん
零下30度くらいがめずらしくもない、白ロシア共和国、チェチェルスクの冬。大激変のロシアにあって農村も例外ではありません。コルホーズの解体土地の私有化、公社の株式化、考えられなかった事が次々に農民にふりかかっています。それでもこのロシアの地に立って想うことは農さえ自給できてれば他の問題は時が解決してくれる。国を持ちこたえるだけの土地の力がここにはあります。
そして本論、この土地と切っても切れない火酒と称せられるウオトカ。この酒を多くの農民はジャムやピクルスを作る様に自宅でつくっています。
サマゴン【自家製《ウオトカ》】のあればこそ越せるロシアの冬
中に管がらせん状にまいてある
サマゴンの蒸留
かば樺
厚いフェルトの長くつ下の上からゴム靴をはくこれがないと冬の道に歯が立たぬ

市販の酒よりもずっと香ばしく土くさく、それでいてつくり手の手さばきが直に伝わってくる。
においつけにリンゴを使ったり、レモンを入れたり、黒パンだったり、小麦をライ麦に変えたりして、各々の家の味に仕上げている。この酒をサマゴンといいます。
テーブルの上には、トマト、卵、塩蔵豚、ピクルス…そして乾杯の応酬。
「あなたの健康のために!!」
グィと一気にあける
「両国人民の友好のために!!」グィ…
ハラショー
たらいに水を入れ沸かす
中に35ℓのモトが入っている
生リンゴか干しリンゴを1.5Kg煮てつぶす
又は、黒パン1本をちぎって入れる
小麦8Kgを水を含ませ2日半〜3日おいておくと発芽する。それを荒びきする
じゃが芋10〜15Kg煮てつぶす
よくかきまぜ器に入れる
ガス台
砂糖1.5〜2Kg
お湯20ℓ
よくさましてからイースト300gをつぶして入れる
50ℓ入りの容器
ふたをして1週間おいておく これで35ℓ位のモトがとれる
で、右頁の図のように蒸留する。35ℓのモトから4〜5ℓのサマゴンがとれる。度数は45度前後。
びんにたまったサマゴンをスプーンにすくい、火のつく限り蒸留を続ける。

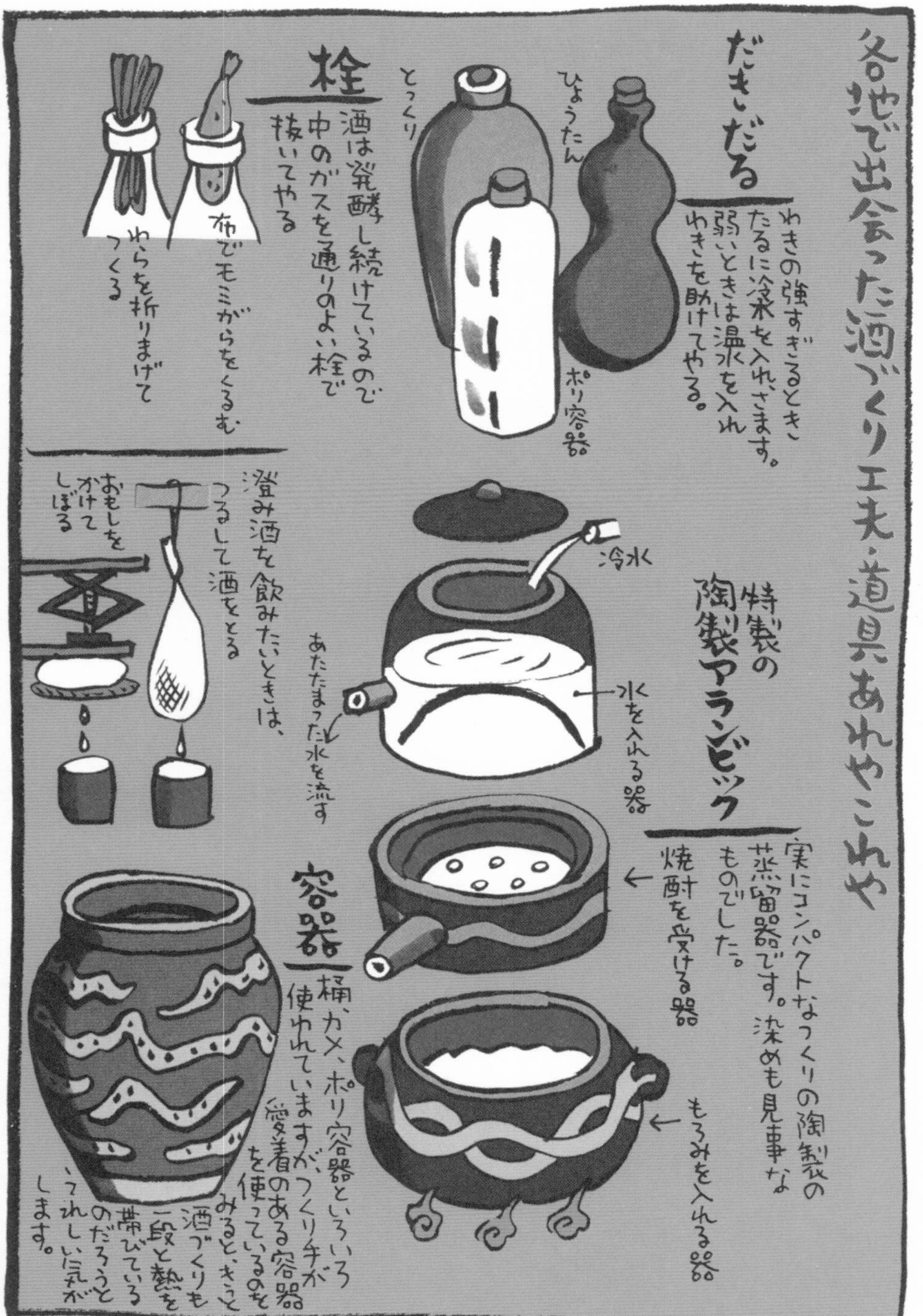
各地で出会った酒づくり工夫・道具あれやこれや
だきだる
わきの強すぎるとき、たるに冷水を入れさます。弱いときは温水を入れわきを助けてやる。
ひょうたん
とっくり
ポリ容器
栓
酒は発酵し続けているので中のガスを通りのよい栓で抜いてやる
布でモミがらをくるむ
わらを折りまげてつくる
澄み酒を飲みたいときは、つるして酒をとる
おもしをかけてしぼる
冷水
特製の陶製アランビック
実にコンパクトなつくりの陶製の蒸留器です。染めも見事なものでした。
水を入れる器
あたたまった水を流す
焼酎を受ける器
もろみを入れる器
容器
桶、カメ、ポリ容器といろいろ使われていますが、つくり手が愛着のある容器を使っているのをみると、きっと酒づくりも一段と熱を帯びているのだろうとうれしい気がします。

貝原浩の手づくり酒を訪ねて三千里

思えば遠くへきたもんだ
51

雑誌『現代農業』に「どぶろく宝典」を連載し始めたのが一九八六年一月、諸外国も含めて取材の回数は、一九九九年一月号で一一五回を数える。同編集部には感謝のほかない。取材の行程はどれほどになるか、自分でも見当がつかない。今回「一風変った酒づくり」をコンセプトに本書を出版するに当たって、内外で出会った取材の恩人たちのことと、多少、舞台裏のことを書いてみた。

1

寒い国のサマゴン《自家製ウオトカ》の価値は限りなく大きい——

【某月某日　ベラルーシ・チェルノブイリ近くの村で】

——酔っ払いの亭主を見かねた妻が詰め寄った。

「あんた、ウオトカをとるの、私をとるの？　はっきりしてちょうだい！」

「その場合のウオトカは何本かね？」

——「父ちゃん、酔っ払うってどういうことなの？」

「ここにグラスが二つあるだろ。これが四つに見えだしたら、酔っ払ったってことだ」

「父ちゃん、そこにグラスは一つしかないよ」

一冊の本ができてしまうくらい、ウオトカがらみの小噺は多い。深刻なアルコール依存が危惧されているロシア。混乱の極みに達した経済・政治・社会。そんな中でも、不幸を小噺にして笑いとばしてきた長い歴史を持つロシア人。したたかな国民性を知るのに、ウオトカを抜きには語ることはできないだろう。

市販のウオトカに対して、自家醸造したものをサマゴンと呼ぶ。今日はそのサマゴンを作るところを、ベラルーシに住む顔見知りのニコライさんに見せてもらう日だ。

ニコライさんは、九〇年以降の体制崩壊にともなうコルホーズ解体騒動の中で、

畑を私有地化し、生産を上げ、自分の農地を少しずつ広げている篤農家だ。といっても、彼の飼う馬一頭が耕せるだけの広さしかないが。家畜小屋の中では、家鴨《あひる》、鶏、豚、乳牛が所狭しと駆け回って、それに犬と猫まで加わって騒がしいったらない。

　動物たちの朝の世話の後、酒づくりを見せてもらうときになって、ニコライさんは今まで見せたこともない神妙な顔つきで、「ここで酒をつくっていることを他の人に言わないように」と言った。そして、「なぜなら、これはロシア唯一の信用できる貨幣なんだ」と、ニヤッと片目をつぶってみせた。ロシアでは、流通するルーブルの価値が日々下がり続け、ある日、百円だったものが次の日には十円の価値になったという、ひどいインフレが続いていた。で、それに代わる万人が認めるものとしてはウオトカしかなかったのだ。畑の手間賃、食料の購入、あるときはバスの運賃と、あらゆる場面で活躍していた。今まさにその現場にいるわけだから、ここはひとつ酒税長官のつもりで立ち会わねばならない。【P62参照】

　納屋の中でのサマゴンづくりを見た後、奥さんのターニャさんに「さあさあ、お昼にしましょ」と、せかされるようにテーブルにつく。食卓の上には、ヨーグルト、バター、トマト、キュウリのピクルス、森のきのこの塩漬け、ジャガイモ、塩蔵豚の切り身……と並んでいる。全部、長い冬を過ごすために蓄えた自家製の食品だという。

　黒パンにバターを薄く伸ばすように塗っていると、横からニコライさんがパンを取り上げ、たっぷりというかパンよりも厚く切ったバターをのせ、さあこれが

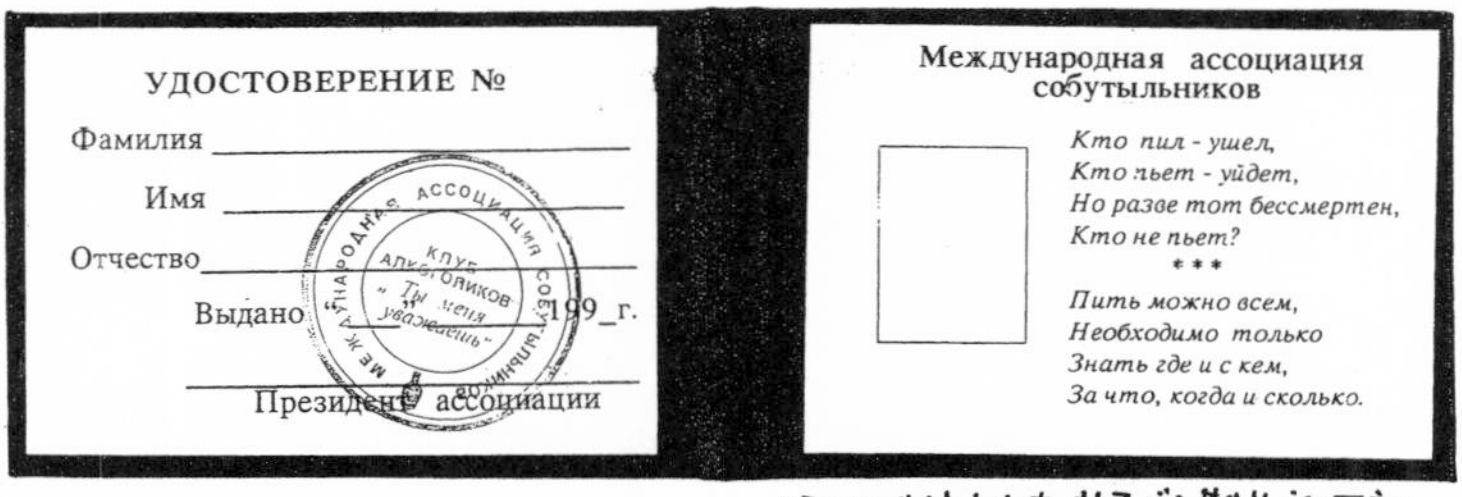
УДОСТОВЕРЕНИЕ №

Фамилия ____

Имя ____

Отчество ____

Выдано "__" ____ 199_ г.

____

Президент ассоциации

Международная ассоциация собутыльников

Кто пил - ушел,
Кто пьет - уйдет,
Но разве тот бессмертен,
Кто не пьет?

* * *

Пить можно всем,
Необходимо только
Знать где и с кем,
За что, когда и сколько.

現地で仕入れたサマゴン製造許可証（?）

当地のやり方だとでもいうように渡された。サマゴンの飲み方も、グラスに満々とついでは、グイッと一息に飲み干す。見れば、ターニャさんも一息にグイッとやっている。これには男女の別はまったくない。何回かは乾杯の応酬をしてみたものの、チビチビの習慣が骨身にしみている当方は、ペチカのほどよい温もりと美味しい食べ物で、ついトロトロとしてしまう。「まったくしようがない日本人ね。子どもだってもっと飲むわよ」と言っているのかどうか、ターニャさんの声が遠くに聞こえている。

翌朝、家から一歩出ると、顔がピシッとこわばった。空気中の水蒸気が結晶となったダイヤモンドダストが、朝日の中にきらめいている。

今朝の寒さは零下二〇度。こちらの人にとっては、このくらいは寒いうちに入らないらしい。いつもの冬なら零下四〇度くらいになるのにと不満そうにさえ言うではないか。あれだけのバターや豚の脂身を食べるのも、冬の寒さに備える対処法なのだろう。どうしたらあんなにも豊かになるのだろうと不思議でならなかったロシアの女の人の太さだって、大地が育んできた大輪なのだと思い始めたのは、サマゴンの残る冬の朝だった。

おしまいに小噺をひとつ。

――シベリアでは四〇〇キロは距離ではない。マイナス四〇度は寒さではない。プラス四〇度は暑さではない。ウオトカ四本は酒ではない。

ロシアは広いぞ、大きいぞ。

2　お湯を足し、何度も味わう酒もあるのだ——

【某月某日　ネパール・カトマンズで】

カトマンズには、紙を漉く工房を経営しているゴパール君という友人がいる。彼とのつきあいは、市販の紙にあきたらなくて、安くて上質な紙を探していたころにさかのぼる。

アジア各地には、それぞれ性質の異なる手漉き紙があるので、旅に出るたびにいつも探していた。

人伝てに彼の工房のうわさを聞き、ある日訪ねてみた。あるわあるわ手漉きの紙が、厚いのから薄いのまで、よりどりみどり積まれていた。この宝の山を目の前にして、これを自分専用の画帖にできたらどんなに楽しいだろうと思った。さっそくゴパール君に画帖の制作を依頼した。

二日後、できあがった画帖は、型押しの民族模様に彩られた布にくるまれた、期待以上のものだった。以来一〇年、ずーっと彼の作った画帖を使い続け、なくなれば注文して取り寄せる関係が続いている。

その日は、彼の家で祭りのたびにつくっているという酒を見せてもらいに行った。年がら年中祭り続きの土地柄なので、いったい何の祭りだったのか、忘れてしまった。

家に入ると中は、継ぎ足しに継ぎ足して増築を重ねた巨大な蜂の巣のよう。階段を上ったり下りたりしながら最上階にたどり着くと、そこが台所だった。タタキの上にレンガを積んだ簡単なかまどに、水を溜めるかめ、調理に使う鍋、釜、

●アイヌの酒
仕込み終えたら、部屋の東南の角におき、
ござでくるみ魔除けの鎌をさし込み、「いたずらされて、酒がまずくなりませんように」と祈る。

ざる、食器などが置かれたきわめてシンプルな空間だ。

ゴパール君のお姉さんのサハナさんが、酒の仕込みを見せてくれた。彼女は、数多くの手順を一つ一つ、実に無駄なく流れるようにこなしていく。

それを見ていて、秋田の婆さまのことを思い出した。まだ、どぶろくの取材を始めて間もないころだった。秋田の婆さまのからはなそう（ホップ）を酛《もと》にする、いわゆるハナモトから仕込む酒づくりは、蒸らしから始めて、あれよあれよという間に仕込み終え、後日、それをいただいたとき、まあーなんと美味しい酒だと感心した。手練れのつくるムダのない動きも、いい酒をつくる条件の一つと、そのとき確信した。【P56参照】

それともう一つ、秋田の婆さまもサハナさんも、まったくの下戸だと聞いた……。サハナさんは、仕込み終えたかめを毛布にくるみ、ていねいに木箱におさめた。後は、部屋の入り口に帚《ほうき》を立て掛け、酒になるのを待つだけ。帚は、酒に悪さをする霊が来たらこれで掃き出してしまうぞ、というおまじないだそうだ。酒というのは人間の自由にはならない生き物で、畏敬の気持ちで接するに値するものだからだろう。

以前、アイヌの酒づくりを北海道静内の織田ステノさんにうかがったときにも、仕込み終えた樽をゴザで巻いた後、「火の神様、どうぞ酒がうまくできますよう、寝かせたシントコ（行器《ほかい》・ふたつきの漆塗りの容器）にいたずらされませぬように、番をお願いします」と、ゴザに鎌を差し込んでお祈りしていたことを思い出す。

ゴパール君に誘われ、食事の後、町に出た。

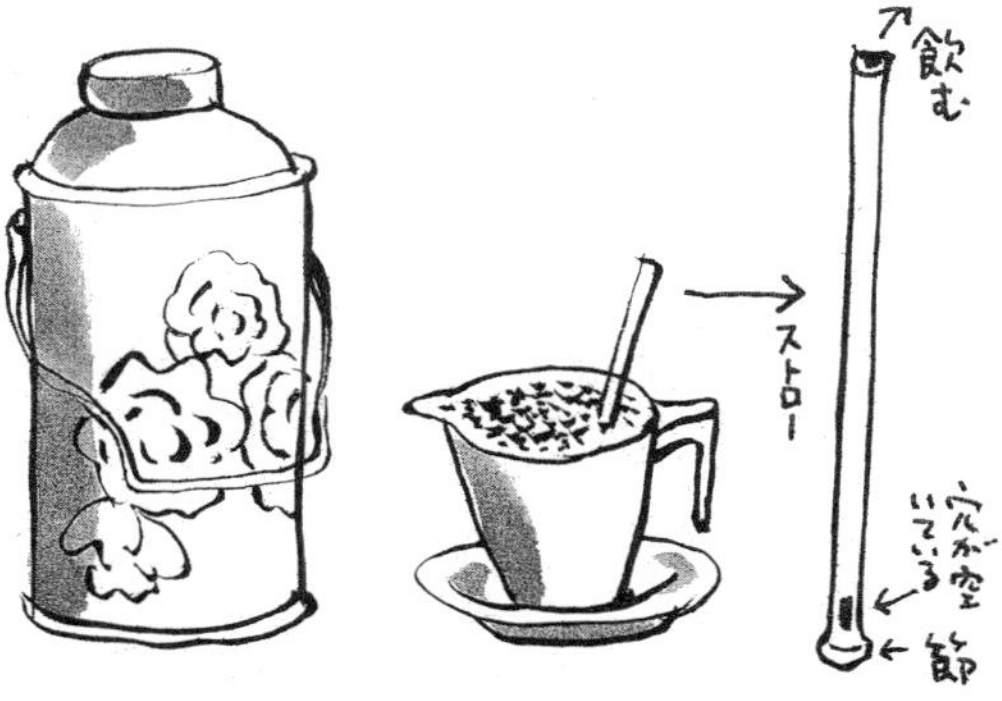

「カトマンズにはたくさんの亡命チベット人が住んでいる。彼らの町の食堂には、美味しいビールがあるよ」とゴパール君。

「バッティ」と呼ばれるチベット食堂に入り、「トゥンパ」と注文した。プラスチックのカップに、茶色の粒が半分ほど入って出てきた。それと湯の入った花柄模様の魔法瓶。いったいどうすればいいのか……。ゴパール君を見ると、茶色の粒の入ったカップに湯を注ぎ、竹のストローでチューチューとうまそうに吸い始めた。遅れてはならじと湯を注ぎ、竹を差し込み、吸ってみた。「むっ！」ちょうど人肌の日本酒のような味。一気に飲んでしまった。ゴパール君はまたお湯を注いでいる。そうか、こうやって何度も飲むのか、実にムダのない飲み方だわ。二度目は、はじめの燗酒の香りとは違って、温かいビールらしきもの。三度目ともなると、酒の匂いのする水といった味わいで、もうこれでおしまいだろう。と見れば、ゴパール君はポットの湯をお代わりして、まだ湯をつぎ足している。

トゥンパというのは、シコクビエをゆでて麦麹を混ぜ、かめで五日間ほど発酵させたもの。チベット流ビール風飲料水とでも呼ぼうか。ネパールでも、トォン(酒)のしぼりカスに湯を注いで飲む。韓国の済州島でも同じように、外出先で持参したカスに湯を注いで飲むということを聞いたことがある。

どの程度の濃さ薄さがいいかは、飲むときの本人しだい。いろいろな酒の飲み方があっていいのである。

3 仏教信仰と共存しているサートウ《どぶろく》づくり

【某月某日　タイ・イサーンの村で】

タイのバンコック。容赦のない日差しを避けるように飛び込んだ街角の寺院。ぐるっと取り囲む回廊の床がひんやり。こりゃ、地獄に仏だわいと、ちょっと休むことにした。

あたりに目をやると、一人の男と目があった。暇そうにしていると見えたのか、話し掛けてきた。手づくりの酒がないかと何日か探していることを話すと、その男、鼻をピクッと動かし、「イェース」と言うではないか。自分の古里の村に行けばあるという。場所はと問えば、タイ東北地方・イサーン。えいっ、ここはひとつ、この男の言うことに賭けてみようと、彼とともにさっそくバスに乗った。

バスは八時間かけて、ある町に着いた。さらに、人力車に揺られ、乾期でひび割れた田が延々と続く風景の中を三〇分ほど走っただろうか、集落のまわりに濠をめぐらせた造りの村に入った。何やら、大和の環濠集落を思い浮かべて、農耕民はここでもつながっていると独り合点する。

その夜は、初めて見る日本人珍しさからか、興味津々の村人が老いも若きも来るわ来るわ。応対にニコニコしっぱなしの私としては、顔がすっかりこわばってしまっている。

食事はと見れば、ガチョウをつぶした煮込みに、川魚、南洋の大ぶりな野菜と熟しきった果物……。それらを手でつまんで食べるのだが、これが何とも「食べ

る」という気分と馴染むのだ。違和感のない、何やら秘め事決行中のような、いい心持ちの食事。手についた油もきれいになめとり、皿もすっかりきれいにする。少女たちの何やら盆踊りのようなものがあって、よせばいいのに輪に飛び込み動き回り、ついでに農家の壁に仏様まで描いたらしい（翌朝、起きてみたら、墨で壁一面に羅漢様が描かれていた）。

その夜は、焼酎の酔いも手伝って、早々に寝床にもぐりこんで高いびき。

朝、家の門の前に立っていると、大人も子どもも手に手に魚や野菜を盛りつけた皿を持って、お寺に入っていくのが見えた。昨日からお世話になっているおばさんも、両手に皿、蒸し米の入った竹筒を肩からさげてお寺へ向かう。私もそれに同行させてもらう。

この小さな村には不釣合いとも思える堂々としたお寺だ。仕切りのない広々とした本堂の板の間には、逆三角形の頭の形をした坊様と、なりたてのような少年僧三人が読経している。

読経が終わったところで、村人たちは、手にした食料を坊様に差し出し食べていただくのだ。朝飯がまだの私には、ゆったりゆったりといただく食事のなんと美味しそうなことよと思えど、じっと見ているだけなのだ。長い食事が終わり、坊様たちが奥へ立ち上がると、そのおさがりを囲んで、村人たちとおしゃべりしながら食べる。坊様たちもしごく当然に布施を受け、村人も寺を支えていることに喜びを感じていることに感心させられる朝の食事風景だった。

ところで、どぶろく（サートゥ）はというと、この食事の残り飯を集めてつくられる。【P53参照】

ウラシマタローの日々をいつまでも過ごすわけにもいかず、帰る日がやってきた。知り合いになったおばさんからは、枕を二つと娘の写真を渡され、しきりと意味ありげなサインを送ってよこす。若ければ受けるのに、と残念な気持ちでニコニコと手を振る。そして、もち米をいっぱい詰めた竹筒を押しつけてきた。

言葉では少しの会話もできなかったので、どんな感情が互いに行き来したのか確かめるすべもなく、ただ食卓を共に囲んだという満足感をおなかいっぱいに呑み込んで、村をあとにした。

4 おーいヤシの木、花芯から樹液をもらうぞ──

【某月某日　バリ・ウヴドウ村で】

朝に祈り、昼に田仕事、夕べに舞い踊るバリ島の人々……。こんなバリ島の農民の姿が日本に伝わったのは一九三〇年ごろ。当時、日本で少なからぬバリ島ブームが起きたとも聞く。

冷害と凶作に悩まされていた東北の地にあり、一九三三（昭和八）年に亡くなった宮澤賢治にも、その話が伝わったと考えてもおかしくない。わが岩手の地を理想郷イーハトーヴにするという夢を描いて賢治はバリ農民の姿に重ね合わせて、『農民芸術概論』を著し、さらなる情熱を燃やしたのではないか。

以来、人々をひきつけ続けている楽園バリ島にやってきた。

出会った
バリの結婚式
の人びと
Bali
Kai

「このヤシ並木の両側には、見渡す限りの水田が広がって見えた」

「昔来たときは、食事ひとつするにも農家に頼み込んで食べさせてもらった。それをきっかけに、土地の人とも触れ合えたのに……」

バリ島に魅せられて何度もここを訪ね、今回は案内役をかってくれた友人が嘆く。二〇年間ほどのバリ島ブームで、圧倒的な観光資本の手によって、村々の様子は一変したと、久しぶりにバリを訪れた彼の嘆くことしきり。初めてこの地を歩く私にも、その気分は受け取れた。

道の両側はレストランに両替屋、スーベニール・ショップにブティックと、まるでお手軽な夏の軽井沢と同じ。

なおも浦島太郎がブツブツ言い続けている。

それでも、通りを外れて一〇分も歩けば、見事に手入れされた棚田が、山の斜面を埋め尽くす。犂を引く水牛の姿が点在し、竹林とヤシ林が背景の山に連なり、独特の景観を見ることができる。

飲酒に遠慮がちなイスラム教のインドネシアの中でヒンズー教のバリでは、酒が盛んにつくられてきた。もち米を使ってつくる酒として知られているタペ。漉したものはブルム。ヤシの樹液からできるトゥアック。蒸留すればアラック。

今日は、そのヤシ酒をつくる人をそっと見つけ、飲ませてもらおうという魂胆の日だ。というのも、ヤシ酒アラックの自家醸造はこの国では一応禁止されており、大っぴらではないのだ。

通訳をしてくれる友人と車に乗り込み、これはという集落に行き、聞いて回る。

バリ島　ヤシの木風にゆれる

思いのほか、簡単には見つからない。隠しているわけではなく、いないらしいのだ。あきらめきれずに、いくつかの集落を回ったすえ、やっとアラック一筋四〇年という老人に出会えた。うれしいやらホッとしたやら、両手使って握手攻め。

醸造所は、中がススで真っ黒。さすがに年季の入ったものだった。南国の明るい光に慣れていた目には、最初、何がどこにあるのか見当もつかなかった。しばらくして目が慣れてくると、何ともシンプルな蒸留装置が見えた。さっそく、ポタポタと落ちている酒を飲ませてもらう。泡盛でいえば花酒という度数の強いものだ。口に含むと、香りはほんのりと甘く、舌を驚かすに十分な酒精が口中を飛び跳ねる。うまい！　実に上質な酒だ。もう一杯いただく。【P58参照】

いい気持ちで空を見上げる。これ以上ない青色の中で、スックと伸びたヤシの木が、南の風に葉を大きくゆらめかせている。

おーい、ヤシの木よ。せっかくつけた花芯を切り取られ、吸い上げた樹液を横取りされ、ほんとうにすまないなあ。でも、こんなにいい酒に生まれ変わったのだから、よしとしようよ……。などと訳のわからないことをブツブツ言う酔っ払いでした。

5　似顔絵の効用――【某月某日　某所で】

外国を酒が目的で訪ねるとき、ほとんどの地域ではだれも英語なんてしゃべりゃしない。そのときは、もっぱら絵ことばでのやりとりになる。

インドネシア
スラウェシ島の村で
描いた人達

目の前での仕込みの手順、材料、使う容器など、手早く描きとめた絵を差し出し、「これは何というの？」「何日くらいおいておくの」と聞きながらメモしていくので、それほどの困難はない。むずかしいのは、酒をどんなときにつくるのか、日常の生活の中でどんなふうに飲まれているのか、などなど暮らしの周辺を聞き出すことだ。聞かれているほうは、いったいこの人は何を知りたいのだろうと思うのか、怪訝な目つきをされたりで、こちらの熱意(?)が空回りを始めることがある。

そんなとき、「ちょっと顔を描かせて」と、似顔絵を描いて渡す。恥ずかしいのかうれしいのか、渡されたほうは一瞬複雑な顔つきをする。でもすぐに、ポッと顔を赤らめたり、ほうほうといった顔をしたり、そのうちまわりの人を巻き込んで、うんとなごやかな空気に包まれる。そうなればしめたもの。座り込んで、人も寄ってきて、あれやこれやと一斉にしゃべり始める。あれあれ、メモとる暇もないじゃないか……。とんだアブ蜂とらず、ということもあった。

似顔絵といえば、ひとつ苦い思い出がある。北海道のアイヌの酒づくりにうかがったときのことだ。酒をつくっているフチ（おばあさん）の、その歴史をきざんだ顔にほれて、あいさつもそこそこにスケッチブックに顔を描き始めた。そのとき、静かだったフチが険しい目で、「何してる」と言った。「あっ、お顔を描いているのですが」と言うと、「断りもなしに描いてはいけない」。

「もう七〇年も前の子どもだったころ、アイヌのコタンに役人が来て、住んでいるアイヌ一人一人の特徴を物陰から描き写していた。役人たちにわかる人別帳を作っていたんだ。カメラなんてない時代だったから、写生していたのだろうが、

数えきれないユーカラと
知恵を残して亡くなった
静内の織田ステノ フチ

ずいぶんいやな思いをしたんだ」

そのとき以来、どんな人を前にしても、断ってから描かせてもらっている。フチから叱られたのをキッカケに、アイヌ民族のことに強い関心を持つようにもなった。同時に、人のあるべき姿を軸にものを見ていく、大きな転機になったように思う。今はもう亡くなってしまったアイヌのフチには感謝している。

6 いまだ縄文の血を脈打たせる人びと——

【某月某日　東北の山村で】

鳥海山が間近に迫る山間の村に着いた。今回の酒の話はどんな話が飛び出すだろうか。どんな人がつくっているのだろうか。

バスを降りてしばらくの道すがらには、木々の間から刈り取り間近の稲穂が日差しの中に見える。黄金に染まり、この豊かな実りの中にあることを幸せな気分で歩いてゆく。いい色だな、実りの色だぜ、黄色は。

米作のアジアでは、黄色は高貴な色とされているのに、西洋では、嫉妬、不実、邪心といったマイナスの色として位置づけられているという。ま、所変われば品変わる。深く考えないで許してやるか。ブツブツ言いながら歩いていく。

「ごめんください」

「まあ、今日は遠い所をようこそ」

さっそく上がらせてもらい、襖を開けると、何人もがグツグツ煮え立つ鍋を囲んで、すでに始まっている。うながされて輪の中に入る。卓の上にはしっかりと

どぶろくもある。みなさんかなり出来上がっていて、こちらもつがれるまま一杯また一杯。鍋にも手を伸ばす。鍋の酒粕が香ばしい。おっ、肉もあるぞ。噛みごたえのある肉だ。猪か、鹿か？　牛ではないな。

「どうだい熊の味は？」

向かいに座っていた人から声がかかる。「むっ」、噛み切れず口の中でモゴモゴさせる。臭みもないし、思っていたよりずうっと旨い。獲る時期、熊の住んでいた場所によって、味は違うぞと教えてくれる。

漬物にモロミをのせて食べる。これまた旨い。

粕料理は身体をポカポカ暖め、冬の寒さには何よりのご馳走だ。兎が獲れれば身は鍋にし、切り取った耳は焼いて煮てもんで洗って、味噌、ねぎ、どぶろくと合わせて食べるんだと、美味しそうにしゃべる。

さっきからいただいている酒はといえば、カメの中で麹がすっかり溶け出した口当たりのよい強い酒だ。酒にモロミに粕汁の三段攻撃に、用を足そうと立ち上がろうとするのだが、頭はしっかりしているつもりなのに、腰をとられて立てない。

採集・狩猟によって糧をえていたのは、遠い昔の記憶でしかないのだろうが、今なお山の奥深い所で暮らしを続ける人たちの中には、縄文かそれ以前の人間の業が脈打ち、血をたぎらせているのかもしれない。鍋を囲んでどぶろくや熊の肉をいただいているとそんな気がしてくる。

日の落ちた山かげから、こちらを見ているものがいる。

マッコリは元々もち米と
麹でつくられていたが、朝鮮
戦争による田畑の荒廃で
米の入手ができなくなった
ことと、米軍の放出物資の
小麦粉を
使っての
マッコリ
づくり
が始まり
それが
現在に
至って
いると
きいた
マッコリは
どんぶりで
一気に
飲む

7 「味の濃淡は人情の表れ」――【某月某日　在日韓国人のお宅で】

「今度、マッコリつくるけど、飲みにくる？」。一も二もなく「行きます」と返事をする。以前から、仲間と示し合わせては時折お邪魔して、テーブルの上に所狭しと並べられる韓国料理をご馳走になっている家がある。韓国の人には、いつ誰が訪ねてきても、すぐ食べられるようにと、いつでもカマドには鍋が温められ、それぞれの家で作るキムチを出してお茶請けにと客をもてなす美風があると聞く。

それぞれの家が味を競うキムチは、今まで見てきた酒づくりと同じように、手さばきが大切なんだと思わせる手早さで、ペチュキムチ（ハクサイ）、カクトゥギ（ダイコン）、オイキムチ（キュウリ）などを漬け込んでいく。トウガラシ、ニンニク、イカ、小魚などを加減しながら、一気に漬けていく。見た目には実にあっさりと。「味の濃淡は人情の表れ」という言い伝えが韓国にはあるらしいが、一言「辛い」。早くマッコリをくれ。【P46参照】

8 婆さまの手際のよさに感嘆しきり――【某月某日　秋田県北の村で】

「○×△□×○」

「×△□▽××○□×」

初めて足を踏み入れた秋田県北部の村で、おばあさんのつくるお酒の話を聞き

山菜とり
朝ごはんをすませた後は、今晩のおかずの山菜とりに山に入る。「陽のくれるまでに宿へ帰ればいい」とバナナ、菓子おにぎりをつめたリュックを背に、とても90才になるとは思えない足取りで歩いてゆく。「背中は曲ってしまったけどホラ、足はこんなに元気だよ」と両ひざをポンポンとたたいた。90才のお母さんと63才の長女と62才の次女の三人連れに会ったのは、むせかえる新緑の林の中の山道でした。

にいったときのことだ。さあ困った。こちらは東京弁と岡山弁にはたんのうだが、秋田弁はからっきしわからない。婆さまどうしでケラケラ笑いながら交わすやりとりは、紅く染まった背景の山々、茅葺きの家とはマッチして絵にはなるのだが、うっとり見とれてなんかいられない。話を聞きにきているのだから！

しばらくはわかったようなふりをしてニコニコしていたのだが、やっぱり半分もわからない。婆さまにしてみれば、七〇年近くここで何不自由なく暮らしてきたのだから、こちらの当惑などおかまいなしなのは当たり前。時折、口をはさんで意味を確かめながら話を進めていくのだが、話がおもしろくなりはじめると、またチンプンカンプン、おいてけぼり。むずかしい。

しばらくして、「じゃ、つくろうかね」と台所に入っていく。干した「からはなそう」をひとつかみ、沸き立ったなべに入れ、煮出し汁をつくりはじめた。昨夜から水につけておいた米はふかしにかける。ふかし終えた米を桶に移し、人肌に冷めるまでよくかきまぜ、先ほどの煮汁を注ぎ、麹を混ぜ込み、よくかきまぜる。そして、ふたをして毛布にくるみ、酒になるのを待つ。

この間およそ三〇分ぐらいだったろうか。あまりの手際のよさに驚いていると、婆さまはもう使った容器を洗いはじめている。

冷害、凶作にさらされる農家の婆さまたちにとって、酒をつくれるということは、主食の米を酒にも回せるという豊穣を祝う喜びの表現といえるのではないだろうか。いや、「長く連れ添った爺さまの唯一の楽しみを取り上げるわけにはいかないからねえ」というのが本当の理由かもしれない。

仕込み終え
桶に毛布をかけて
いる連載1回目の
秋田のばあちゃん
おいしかったなあ
ハナモトからの
どぶろく

爺さまと二人、年中行事にしているのが湯治。田植えを終えた六月ころ、里の村から、鍋、釜、布団、米・野菜など生活用具一式を持ち込んで、約一か月の長逗留をする。

部屋の中に入ると、長年の煙にいぶされた何とも懐かしい匂いに包まれている。持ち込んだストーブを据え付け、荷物を片付け、さあ、山暮らしの始まりだ。

この時期、宿のまわりの山々は、山菜、竹の子の宝庫となる。ブナ林、竹林の間をぬうように続くけもの道をたどりながら、一、二時間かけて、各人各々だけが知っている場所へ向かう。この場所だけは、絶対に秘密だという。たいていは、そのような場所を五、六か所はもっているらしい。明け方、大きな竹籠を背負って山に入ったお二人は、夕方、竹の子でいっぱいになった籠を背に戻ってきた。お湯に入るのもそこそこに、採ってきた竹の子の皮をむく。煮立っている鍋に竹の子を入れ、程よい加減に煮えたらびんに詰める。この作業を真夜中まで続ける。湯治といっても、日長一日、のんびり湯につかって過ごすのではなかったのだ。名産品の竹の子煮をここで生産し、滞在費を捻出してしまうというわけだ。やるなあ、と思わずうなってしまった。

9　ある呑んべえの酒工房見学記——

【某月某日　北上川のほとりで】

「新酒を仕込んだから、飲みにおいでよ」「三年前の酒が見つかった。これがトロリとして実に旨いんだ」と、何かと誘ってくれる人がいる。農機具の修理業を営

むSさんだ。廃車の部品を別の車に移し替え、パワーアップしたり、持ち込まれた電機製品を直したりと、村の便利屋さんのような存在だ。

山と積まれた鉄材を注意深くよけながら倉庫の奥へ行くと、Sさん御自慢の古冷蔵庫を利用した自動製麹器があった。今回の目玉はどうやらこれのようだ。サーモスタットの仕組みを説明する彼の鼻が心なしかピクピク動いているように見える。工夫のあれこれに感心していると、ニヤリ、「これで麹の心配しないで存分に酒がつくれるぞ」。

何せSさんのつくり方ときたら、一度に五斗も仕込むのだから、そりゃ麹の心配だってするハズだわ、と納得する。次は、手動式だが自作のぶどうしぼり機を使っての山ぶどうからつくる九月のワインづくりの話が続く。

「呑んべえだから酒をつくるのは楽しいことだらけ。もっと人の考えつかない材料から酒にならないものかと、赤松葉、よもぎ、どくだみなどにハチミツ、砂糖、イーストをまぜて手当り次第にやってみた。結果、何でも酒らしきものになるって発見したよ。ただ、あまちゃづるだけは飲めたもんじゃなかったがね」と、まずさを口に思い出したように、苦笑いした。

次に見せられたのが、これまた、廃材利用の酒しぼり器。ノミ跡も荒々しい柱を組み、ジャッキで重しをかける本格的なものだ。フーム。

これでおしまいかと思えば、冬の雪を利用しての蒸留装置の前に連れてゆかれ、その利便性にまた感心する。これも足元に転がっている廃材でつくったもの。フムフム。合間にどぶろく、ワイン、まむし酒とグラスの空く間もなく試飲を重ね

息子の嫁とりを心配してた母さん、
もう嫁っ子もらっただろうか
春になれば待ち切れずに山に入ってた
ジィサマまだ元気でいるだろうか

ているのだから、機械の輪郭もおぼろげになってきたぞ。

とどめは青いビニールシートに覆われたどぶろくの山。数えてみると四個かな五個かな。三段目を仕込み終えたところだという。

「そういえば、米を買うのも大変でしょう」と訊いてみた。「なんの、コンバインの運転手やって、報酬はお米でもらう約束にしてる」とコトもなげに言うのであった。できた酒は、十指では足りぬ同好の士と共に飲み交し、評判をきいてくる人には分けるといった具合に、何とも恬淡とした呑んべえの酒工房見学でした。

10　どんどん広がる酒づくりの輪——【あとがきにかえて】

昔の日当二四〇〇円《ニコヨン》のころ、清酒一本四〇〇円という時代なら、五〇円でつくれるどぶろくを、と思うのが当たり前だっただろう。ましてや、道路が整備されていなかった昔、山を越えて酒を買いにいくなんて現実的ではなかった。そうした流れをくむ人が、時代は変わっても、やっぱりどぶろくでなくちゃと、つくり、飲み続けている。

酒の話を聞き始めた一五年ほど前うかがったのは、ほとんどそういう農家の人たちだった。聞くと、どこでも酒の「手入れ」の話が出たものだ。山道をジープが登ってくるのを見つけるや、見晴らしのよいところにある小学校から、「フクロウが出たぞ」とか「白馬がはねた」とか言って、子どもたちが一斉に駆け出して、部落中にふれまわった。さあ大変だ。大人たちは、かめや桶を牛小屋の堆肥の中

取材もそこそこに
近所にいい温泉があるからと
いう爺サマがいたり、オメエ
野菜食ってねえだろと、抱えきれない
大根持たしてくれた婆様もいたなア…

やら、縁の下、天井裏へと、大慌てで隠す。隠し切れなかった酒は、家の前を流れる小川に、涙を飲んで流したりしたそうだ。

山奥の人の生活の一部だった酒の話とその味わいには、「これはこれは」と、さすがに手練れのつくる酒よと、酔い痴れたものだった。

それが、七〜八年くらい前からか、農家以外の、学校の先生、陶芸家、写真家、整体師、医者という具合に、多彩な人たちの酒づくりに出会うようになった。動機もさまざまで、故前田俊彦さんのどぶろく裁判で興味を持つようになったとか、『現代農業』の連載記事でとか、パン種として、村おこし、仲間作り、酒税法何するものぞの気概、……いろいろだ。

たとえば、町のパン屋さん。彼が一五年勤めた役人生活に見切りをつけたのも、自分に気持ちよく、それが人さまにも伝えられる仕事をしたいという気持ちが高じてきたからだと語る。結果、パン職人としての道を歩み始め、より自然な状態でのパン作りを目指した。パンを焼く石窯は、窯ならおてのものの陶芸家の友人に手伝ってもらってつくった。材料の小麦は、つてを頼って納得のいくものを探し出し、アトピーを抱える人たちにも安心して食べられる材料を吟味するなど、キメ細かいネットワークをつくりあげていった。

どぶろくづくりは、酒パンをつくってみたい、酒種をとるにはどぶろくをつくらなくては、それも美味しいものを、と本を片手に試してみたのがはじめだった。その後、何度かつくるうちに、温度変化、仕込みの量の加減でまったく違う味になる微妙な発酵の世界にのめり込んでいった。持ち前の粘り強さと探求心で、デ

皆様ほんとうにありがとうございました
1998. DEC. 1
Kai

ータをとり、記録していった。今はほとんど失敗はしないが、まったく同じ条件下でつくっても、酒は違ってできることがあるんだね、と驚く。「でも、これがいいんだよ。生き物相手にしているんだもの」と、くったくがない。

新しく酒づくりを始めた人たちに共通することがある。「自分の身体にとっていいものとは？」という問いの中で、安全・安心は自分の手で取り戻す、そういう目と舌、五感を養っていく、自分でつくれるものは自分でつくる、世間の消費ブームの中で正体をなくしたマガイ物にはだまされないぞ、という生活者宣言という気がする。酒づくりもその一環としてはずすことはない、というものだ。

ことさら肩肘張らず、自然体の中で、生活を見直していこう。そこに楽しみが加わるなんて、こんな素敵なことはないじゃないか……。実にさっぱりと、軽やかなのだ。「仕込みには、銘水を汲んできてつくります」「米はコシヒカリ」「かめは備前の特注品」などなど、つくり手のこだわり方、楽しみ方がいろいろ見える。酒をつくることで仲間ができ、話が弾んだり、発酵の不思議を面白がったりしながら、暮らしにちょっとした風穴を開けているのかと思う。

よく、手づくりの酒が旨いかどうかと聞かれることがあるが、味の違いがおのおのあるだけで、どれもこれも酒になっているのだ。つくり手の美味しいと思う酒は美味しいのだ。

というわけで、今日もごちそうさま。

【著者略歴】

貝原　浩（かいはら　ひろし）

1947年、倉敷市生まれ。

1970年、東京芸術大学デザイン科卒。

以来、フリーで書籍を中心に、装丁、さし絵、漫画、絵本を制作。

'86年から「現代農業」のどぶろく取材で各地の手づくり酒の話を連載。

'90年以降、世界各地を旅して、風景画を軸に絵画を個展で発表。

2005年6月、逝去。享年57。

〈主な個展〉

'92年　丸木美術館「大地の結び」展
'92～98年　東京、京都等で「華鳥風月」展
〈主な本〉

『鬼子母神』『パウンペと鮭の口合戦』『虹を駈ける羆』(以上、風濤社)、『風下の村から・チェルノブイリスケッチ』(平原社)、『ショーは終っテンノー』(社会評論社)、『諸国ドブロク宝典』(農文協)、『仮説縁起絵巻』(現代書館)ほか。

つくる・呑む・まわる
諸国ドブロク宝典

1989年3月25日　諸国ドブロク宝典初版第1刷発行
2006年9月25日　諸国ドブロク宝典初版第14刷発行
1998年12月30日　世界手づくり酒宝典初版第1刷発行
2020年3月5日　復刊第1刷発行

著者　貝原　浩
新屋楽山
笹野好太郎

発行所　一般社団法人 農山漁村文化協会
〒107-8668　東京都港区赤坂7-6-1
電話　03 (3585) 1142 (営業)　03 (3585) 1147 (編集)
FAX　03 (3585) 3668　振替 00120-3-144478
URL　http://www.ruralnet.or.jp/

ISBN 978-4-540-19216-6
〈検印廃止〉　印刷／藤原印刷㈱

製本／根本製本㈱
定価はカバーに表示
乱丁・落丁本はお取り替えいたします。